# Geoprocessamento
## sem complicação

Paulo Roberto Fitz

© Copyright 2008 Oficina de Textos
1ª reimpressão 2010 | 2ª reimpressão 2013
3ª reimpressão 2015 | 4ª reimpressão 2017
5ª reimpressão 2021

Grafia atualizada conforme o Acordo Ortográfico da Língua Portuguesa de 1990, em vigor no Brasil desde 2009.

**Conselho editorial**  Arthur Pinto Chaves; Cylon Gonçalves da Silva; Doris C. C. K. Kowaltowski; José Galizia Tundisi; Luis Enrique Sánchez; Paulo Helene; Rozely Ferreira dos Santos; Teresa Gallotti Florenzano

Capa, projeto gráfico, preparação de imagens e diagramação  MALU VALLIM
Preparação de textos  GERSON SILVA
Revisão de textos  NAIR KAYO
Impressão e acabamento  BMF GRÁFICA E EDITORA

Dados Internacionais de Catalogação na Publicação (CIP)
(Câmara Brasileira do Livro, SP, Brasil)

Fitz, Paulo Roberto
Geoprocessamento sem complicação / Paulo Roberto Fitz. -- São Paulo : Oficina de Textos, 2008.

Bibliografia.
ISBN 978-85-86238-82-6

1. Geotecnologia 2. Satélites artificiais em sensoriamento remoto 3. Sensoriamento remoto 4. Sensoriamento remoto – Imagens 5. Sistemas de Informação Geográfica (SIG) I. Título.

08-08359                                                          CDD-621.3678

Índices para catálogo sistemático:
1. Geoprocessamento : Sensoriamento remoto e SIG : Tecnologia 621.3678

Todos os direitos reservados à **Oficina de Textos**
Rua Cubatão, 798
CEP 04013-003   São Paulo-SP – Brasil
tel. (11) 3085 7933
site: www.ofitexto.com.br   e-mail: atend@ofitexto.com.br

# PREFÁCIO

As diferentes concepções de espaço geográfico e de como este é construído, organizado, estruturado e gerenciado têm sido palco de discussões acadêmicas há bastante tempo. A inesgotável busca do conhecimento por meio do estudo da realidade definida pelo espaço geograficamente construído traz a necessidade do auxílio de um ferramental de apoio bastante significativo. Pode-se afirmar que os mapas constituem uma das ferramentas mais utilizadas pelos profissionais preocupados com tal dinâmica. Entretanto, novas técnicas e ferramentas vêm se sobrepondo ao simples uso de mapas, configurando aos profissionais um expressivo e poderoso instrumental para seus trabalhos.

A evolução tecnológica, vivenciada notadamente nas últimas décadas do século XX e início do presente, provocou reações diversas no meio científico, especialmente no que diz respeito à aplicabilidade de seus produtos e à relação entre técnicas e questões epistemológicas arraigadas. A ciência geográfica, que pode ser considerada como fornecedora teórica e metodológica das geotecnologias, ainda sofre as consequências de sua omissão, ao menos em termos de Brasil, com relação ao desenvolvimento e à aplicação dessas geotecnologias.

Este livro busca estabelecer – ou, quem sabe, restabelecer – o elo entre Geografia e geotecnologias, a fim de explicitar ao leitor seus pressupostos epistemológicos, bem como suas aplicações. Procura-se apresentar, por meio de uma abordagem bastante abrangente, uma leitura de caráter didático para o assunto.

A dinâmica do livro tem como ponto de partida a explanação de questões de cunho epistemológico, nas quais é enfatizado o vínculo geotecnologias-Geografia. Nesse sentido, apresenta-se, no Cap. 2, o que ousamos conceituar como Geografia Tecnológica. Após tais discussões, é desenvolvido, no Cap. 3, um embasamento de cunho cartográfico para que se possa trabalhar com geotecnologias. No quarto capítulo, introduzem-se algumas considerações quanto às bases de dados necessárias para o uso de SIGs e das técnicas de geoprocessamento. No capítulo seguinte, procura-se desenvolver a estrutura de um SIG, seu comportamento e suas principais funções. No sexto capítulo, é aberto espaço para o sensoriamento remoto. Tal capítulo mereceu destaque especial em função da crescente "popularização" dessa técnica, seja por intermédio de imagens de satélite veiculadas em programas televisivos, seja via Google Earth, além de sua estreita vinculação com o uso de geotecnologias. O livro encerra-se com um capítulo que abarca questões sobre o processo decisório e sua vinculação com os SIGs, especialmente quanto à geração de critérios para uso em geoprocessamento.

Esperamos que o leitor faça um bom uso do conteúdo aqui apresentado e que este sirva para seus propósitos.

*Paulo Roberto Fitz*
*Abril de 2008*

# APRESENTAÇÃO

A produção e a reprodução do espaço envolvem um conjunto de processos ainda mais articulados. A necessidade de intervir nesse espaço, buscando uma melhor compreensão do espaço geográfico e das relações da sociedade com o ambiente onde vive, torna a procura por novos instrumentos conceituais e técnicos uma constante, em todas as áreas do conhecimento.

O avanço tecnológico que tem causado maior influência na pesquisa geográfica está relacionado ao advento das geotecnologias, com especial destaque para os Sistemas de Informações Geográficas (SIGs) e os avanços na área do Sensoriamento Remoto. Nesse sentido, é necessário que os geógrafos (e demais profissionais) busquem conhecer em detalhe esta tecnologia, avaliando os aspectos práticos e teóricos de sua utilização. Essa é a proposta do livro *Geoprocessamento sem complicação*, que vem preencher uma lacuna importante, num campo de atuação recente, que ainda carece de publicações de autores nacionais.

Ao se deparar com um rico e denso material, o leitor vai encontrar, nesta obra, desde a descrição de conceitos básicos até os princípios teórico-práticos das geotecnologias. O autor, talvez motivado pela atuação como professor do Ensino Superior, soube reunir, com clareza e objetividade, um importante conjunto de informações a serem incorporadas por usuários, com diversos graus de conhecimento na área. São privilegiados, em particular, os estudantes, que terão condições de dominar e empregar as técnicas apresentadas, de forma consciente e não apenas como meros "apertadores de teclas".

A obra aborda o assunto de forma ampla, integrando os conhecimentos necessários para a realização de trabalhos, inclusive os desenvolvidos em sala de aula. A organização do texto tem uma sequência lógica, iniciada com a apresentação do contexto epistemológico da Geografia.

O percurso segue com o esclarecimento de conceitos e definições, o que ajuda a prevenir a utilização inadequada dos termos, em uma área em que a evolução conceitual não tem acompanhado a rapidez do desenvolvimento das técnicas. Ao longo da obra, é fácil perceber a vinculação entre SIG e Geografia, e que o uso desse recurso necessita do conhecimento de diversos campos, inclusive da ciência geográfica. O autor ressalta o potencial das geotecnologias como um expressivo e poderoso instrumental de trabalho para os técnicos atuarem sobre o espaço, ou mesmo para aqueles interessados pelo tema, nas diversas áreas de aplicação.

Os elementos da Cartografia, necessários para a representação da realidade, também estão descritos e exemplificados neste livro. Por vezes, o desconhecimento ou o emprego incorreto dos parâmetros cartográficos geram erros consideráveis nas análises realizadas e, consequentemente, nos resultados obtidos. Nesse sentido, o texto trata de conceitos básicos, como sistemas geodésicos de referência, *data*, sistemas de coordenadas, sistemas de projeção, processos de obtenção de coordenadas, entre outros. Assim, professores e alunos de disciplinas relacionadas a SIG e ao Sensoriamento Remoto, e aqueles advindos de áreas sem formação básica em Cartografia, podem se beneficiar com o material apresentado.

O autor desenvolve, de forma aprofundada, tópicos essenciais sobre manipulação dos dados em SIG, por meio do Sistema Gerenciador de Banco de Dados (SGBD), sob a forma conceitual e prática. São esclarecidas questões sobre georreferenciamento, formato e estrutura dos dados, bem como os diversos processos de introdução destes no SIG: digitalização, vetorização, dados alfanuméricos e dados provindos de sistemas de posicionamento por satélites. A modelagem espacial para aplicações geográficas é demonstrada, considerando, além dos procedimentos no SIG, a importância dos padrões conceituais vinculados à maneira de o indivíduo conceber o espaço.

Posteriormente, o assunto SIG é retomado, com enfoque na estrutura e nas funções. Uma descrição muito útil quanto ao gerenciamento dos dados é apresentada de forma clara e concisa, detalhando a aquisição, armazenagem, edição, conversão, importação e exportação de arquivos de dados. A análise geográfica (reclassificação, sobreposição, visualização e contextualização, análises estatísticas) e as funções de recuperação e representação dos dados são aspectos também descritos, por meio de exemplos.

O Sensoriamento Remoto é a tecnologia que fornece grande parte dos dados para o estudo dos fenômenos espaciais. A maioria dos pacotes de SIG possui módulos para tratamento e manipulação de imagens, além dos recursos usuais para geração de dados secundários. Assim, os conceitos sobre os aspectos físicos do Sensoriamento Remoto são revistos, na perspectiva dos leitores não habituados ao uso de terminologias técnicas. O autor ilustra e exemplifica, de maneira bastante didática, as formas de obtenção de dados de Sensoriamento Remoto e os métodos de interpretação e classificação de imagens.

Em outro momento, há considerações sobre o processo decisório e a elaboração de critérios de análise para uso em SIG, enfocando a importância da escolha da metodologia e o direcionamento adotado pelo usuário. A utilização de SIG para a realização de estudos de caráter espacial exige procedimentos de investigação vinculados a critérios bem definidos. Nesse sentido, o autor apresenta duas abordagens: as Metodologias Multicritério em Apoio à Decisão (MCDA – *Multicriteria Decision Aid*) e as Metodologias Multicritério de Tomada de Decisão (MCDM – *Multicriteria Decision Making*). A aplicabilidade destas é ilustrada por meio de um estudo de caso, visando à elaboração de critérios para o manejo de uma microbacia hidrográfica, recomendando a compatibilidade entre produtividade e preservação ambiental.

Em síntese, o leitor tem em mãos, aqui, um extensivo e raro material, pela sua didática, que não só apresenta os procedimentos de análise do espaço, mas discute e aprofunda a explicação, assim como a postura de quem tem o poder de decisão sobre as ações no espaço. Está em jogo, portanto, a implicação de várias áreas de saberes, que se entrelaçam na composição de algo que se oferece para também ser usufruído como plural. Por fim, e não menos importante, está claramente evidenciado que as novas tecnologias não valem apenas por si sós, mas inseridas em seus contextos, desde que sejam utilizadas de forma ética, visando à compatibilidade entre as ações humanas e o respeito ao ambiente.

*Profa. Flávia Cristiane Farina*
Professora do Instituto de Geociências da Universidade
Federal do Rio Grande do Sul (UFRGS)

# Sumário

| | | |
|---|---|---|
| **1** | **Introdução** | **11** |
| 1.1 | Breve evolução da ciência geográfica | 13 |
| **2** | **Geografia Tecnológica** | **19** |
| 2.1 | Nova Proposta Paradigmática | 21 |
| **3** | **Bases Cartográficas** | **31** |
| 3.1 | Sistemas Geodésicos de Referência | 32 |
| 3.2 | Sistemas de Coordenadas | 34 |
| 3.3 | Coordenadas Obtidas em Trabalhos de Campo | 40 |
| 3.4 | Construção de Mapas Temáticos | 43 |
| 3.5 | Uso de Escalas | 48 |
| **4** | **Base de dados georreferenciados** | **53** |
| 4.1 | Estrutura de Dados | 53 |
| 4.2 | Introdução de Dados em um SIG | 56 |
| 4.3 | Georreferenciamento de Dados Espaciais | 69 |
| 4.4 | Modelagem de Dados Espaciais | 70 |
| **5** | **Estrutura de um SIG** | **79** |
| 5.1 | Estrutura de um SIG | 79 |
| 5.2 | Funções de um SIG | 80 |
| **6** | **Sensoriamento Remoto e Sistemas de Informações Geográficas** | **97** |
| 6.1 | Tipos de Sensores | 98 |
| 6.2 | A Radiação Eletromagnética (REM) | 99 |
| 6.3 | REM e a Interferência da Atmosfera | 106 |
| 6.4 | Obtenção de Imagens de Sensoriamento Remoto | 108 |
| 6.5 | Resoluções de Imagens de Sensoriamento Remoto | 115 |
| 6.6 | Interpretação de Imagens de Sensoriamento Remoto | 117 |
| 6.7 | Classificação de Imagens de Sensoriamento Remoto | 129 |
| **7** | **Tomada de Decisões e Geração de Critérios para Uso em SIGs** | **139** |
| 7.1 | SIGs, Geotecnologias e Processo Decisório | 140 |
| 7.2 | Elaboração de Critérios com o Uso de MCDA | 145 |
| | **Referências bibliográficas** | **159** |

# 1 INTRODUÇÃO

O estudo do espaço geográfico e dos aspectos ambientais nele inseridos pressupõe uma série de conhecimentos e informações que podem ser trabalhados de maneira mais ágil, fácil e rápida com as novas tecnologias. Inseridos nesse contexto, as *geotecnologias* tendem a ocupar um lugar de destaque em virtude de sua funcionalidade. Mas o que são geotecnologias? Que implicações tais avanços poderão trazer para trabalhos que envolvam as questões espaciais?

As geotecnologias podem ser entendidas como as novas tecnologias ligadas às geociências e correlatas, as quais trazem avanços significativos no desenvolvimento de pesquisas, em ações de planejamento, em processos de gestão, manejo e em tantos outros aspectos relacionados à estrutura do espaço geográfico. Essas considerações tornam-se importantes à medida que profissionais das mais diversas áreas atuam diretamente com questões espaciais. Entretanto, a interatividade necessária para que se possa trabalhar o meio ambiente como um todo, de forma interdisciplinar, torna necessária uma busca por ferramentas e técnicos qualificados para sua concretização. A inserção de profissionais de diferentes áreas do conhecimento, com destaque para o geógrafo, torna-se essencial para um bom resultado dos trabalhos desenvolvidos.

A noção de interdisciplinaridade é aqui tratada como vinculada ao trabalho conjunto e participativo de equipes constituídas por profissionais de formações diferenciadas – equipes multidisciplinares –, porém, com um objetivo comum.

Essas ideias baseiam-se em conceitos aceitos pela comunidade científica em geral. Dentro da perspectiva que será abordada neste livro, são apresentados abaixo alguns daqueles considerados mais importantes:
- Pesquisa: conjunto de atividades e procedimentos realizados para a descoberta de novos conhecimentos científicos, realizados segundo diretrizes metodológicas providas de embasamento científico, visando à produção de resultados que

possam ser considerados como confiáveis e passíveis de serem reproduzidos.
- Conhecimento: produto resultante do processo de aprendizagem gerado a partir de ideias, teorias e conceitos concebidos pela sociedade. O conhecimento se daria pela fé (religião/mito), razão (filosofia), pesquisa (ciência), cultura (senso comum) e criatividade (arte).
- Ciência: conjunto de conhecimentos teóricos, práticos ou técnicos organizados e sistematizados resultantes de observação, pesquisa e análise de determinados fenômenos e fatos que compõem a realidade.
- Técnica: conjunto de procedimentos que fazem uso de um determinado método na busca de um resultado específico.
- Epistemologia: estudo dos princípios, das hipóteses e do conhecimento gerado pelas diversas ciências, com o objetivo de determinar a sua origem lógica, o seu valor e seus objetivos.
- Paradigma: padrão de postura tomado como modelo a ser seguido.
- Método: caminho ou encadeamento de procedimentos adotados para a obtenção do conhecimento científico.
- Metodologia: conjunto de diretrizes estabelecidas que conduzem a realização de uma pesquisa.
- Princípios: proposições imutáveis que servem de base para o desenvolvimento de uma teoria geradora de conhecimento.
- Hipótese: conjunto das proposições que espera-se que sejam verificadas ao final de uma pesquisa.
- Dados: registros de informações resultantes de uma investigação que podem ser utilizados em meio computacional.
- Informação: conjunto de registros e dados interpretados e dotados de significado lógico.
- Sistema: conjunto integrado de elementos interdependentes, estruturado de tal forma que estes possam relacionar-se para a execução de determinada função.
- Sistema de informação: sistema utilizado para coletar, armazenar, recuperar, transformar e visualizar dados e informações a ele vinculados.

# 1 Introdução

Os conceitos descritos refletem uma noção dos rumos a serem trabalhados ao longo desta obra. Outros tantos serão acrescentados no decorrer dos assuntos.

É importante ser destacada a estreita ligação entre as geotecnologias e as concepções científicas relacionadas à ciência geográfica. Tal condição vai direcionar o entendimento dos processos, procedimentos, análises etc. vinculados aos SIGs e às técnicas do geoprocessamento.

## 1.1 Breve evolução da ciência geográfica

Como todas as demais áreas do conhecimento, a Geografia experimentou diversos caminhos para se constituir como ciência. Um dos direcionamentos percebidos teve por base a necessidade de transformação das técnicas de pesquisa vinculadas aos avanços científico-tecnológicos ocorridos ao longo dos tempos.

O Quadro 1.1 apresenta um breve histórico da ciência geográfica. Como pode ser observado, a evolução experimentada pela Geografia traz marcas de profunda dicotomia, especialmente a partir de meados do século XX.

**Quadro 1.1** Ciência geográfica: breve histórico

| Personagem | Época | Vínculo/características |
|---|---|---|
| Tales/Heródoto | Séc. V a.C. aprox. | Geodésia; descrição de lugares |
| Humboldt/Ritter | Séc. XIX | Geografia como parte terrestre do cosmos: síntese de todos os conhecimentos relativos à Terra; individualidade dos lugares; propostas de regionalização; relação homem-natureza |
| Ratzel | Final do séc. XIX | Teoria do espaço vital; visão naturalista (homem visto como mero animal) |
| La Blache | Séc. XIX-XX | Gêneros de vida; possibilismo; conceitos de paisagem e região geográfica; homem percebido como transformador do meio |
| Hartshorne | 1939-1959 | Geografia tradicional; variação de áreas |
| Escola Pragmática (EUA, URSS/Rússia, alguns países europeus) | Meados do séc. XX até hoje | Tecnologia geográfica; Geografia quantitativa ou teorética; Nova Geografia; Geografia sistêmica; Geografia da percepção; praticidade da ciência. |
| Escola Crítica (Pierre George/Yves Lacoste/ Milton Santos) | Meados do séc. XX até hoje | Geografia ativa; Geografia crítica; definição pelo caráter social da ciência |

Fonte: adaptado de George (1986); Claval (1987); Buzai (1999); Moraes (2005).

Por outro lado, pode-se verificar, não obstante, que, além de uma paulatina evolução do pensamento geográfico, tem-se uma evolução tecnológica acelerada. Há, portanto, uma real necessidade de adaptação desta ciência aos avanços científico-tecnológicos. A partir disso, tem-se que, com certeza, o desenvolvimento epistemológico da ciência deva perpassar por tais caminhos.

### 1.1.1 Paradigmas científicos

Numa análise bastante superficial, pode-se constatar que a Geografia, dada a sua própria personalidade, foi provando, ao longo de sua existência, os paradigmas de diversas correntes científicas. Essa experimentação trouxe avanços significativos ao próprio conhecimento científico, mas também gerou impasses até hoje não totalmente sanados. A dicotomia Geografia Humana *versus* Geografia Física, por exemplo, ainda está longe de ser resolvida, seja em razão das diferentes compreensões percebidas pelas distintas correntes do pensamento geográfico, ou mesmo pela postura receosa de muitos pensadores no que diz respeito ao mundo tecnológico hoje vivenciado.

O entendimento das noções de espaço e de território apresenta divergentes conotações de acordo com a corrente a elas relacionada. Analisando questões vinculadas à territorialidade, especialmente com relação a questões brasileiras, Santos (1998, p. 139), talvez o maior representante da chamada escola crítica da Geografia, apresenta o que chamou de "meio técnico-científico", ou seja, "o momento histórico no qual a construção ou reconstrução do espaço se dará com um crescente conteúdo de ciência e técnicas". Essa fase seria, na época, insuficiente, de acordo com o autor, para caracterizar o momento então vivenciado. Nesse sentido, Santos conceitua o "meio técnico-científico-informacional", que se superpõe ao meio técnico-científico, na medida em que ocorre uma informatização do território. Como o próprio autor coloca,

> o território se informatiza mais, e mais depressa, que a economia ou que a sociedade. Sem dúvida, tudo se informatiza, mas no território esse fenômeno é ainda mais marcante na medida em que o trato do território supõe o uso da informação, que está presente também nos objetos. (Santos, 1998, p. 140).

# 1 Introdução

Ideias como as apresentadas por Santos remetem a novas perspectivas em termos de análise do saber geográfico. Em extenso estudo, Buzai (1999) apresenta a sua "Geografia Global", entendida, dentro da Geografia, como um novo campo teórico e metodológico de aplicação generalizada. Essa caracterização pressupõe a utilização de conceitos e métodos sob ambiente computacional (Buzai, 1999, 2000). O referido autor ainda apresenta, baseado em outros autores, o direcionamento da ciência geográfica no final do século XX. Esse pode ser sintetizado em três perspectivas:

- *Ecologia da paisagem*, com influência dos paradigmas regional, racional e humanista.
- *Geografia pós-moderna*, com conceitos do paradigma crítico.
- *Geografia automatizada*, mais vinculada ao paradigma quantitativo.

As perspectivas epistemológicas hoje experimentadas, entretanto, podem conduzir para sua aproximação. Nesse contexto, a informatização e a automação de métodos e procedimentos científicos tendem a facilitar análises vinculadas a quaisquer dos paradigmas vinculados.

Se, por um lado, a crescente utilização de meios tecnológicos sugere a aproximação de correntes científicas diversas, por outro, ela pode reafirmar certas dicotomias do saber geográfico. O pequeno destaque dado às geotecnologias em eventos geográficos (ao menos em termos de Brasil) traduz o afastamento de uma ampla gama de pesquisadores, que simplesmente desconsideram tal aporte ferramental como parte do fazer Geografia. Para estes – e não são poucos –, a utilização de modernas tecnologias por parte dos geógrafos ficaria restrita a consultas na Internet ou mesmo à digitação de textos.

O distanciamento gerado a partir do pequeno envolvimento, ou mesmo por uma visão obtusa, de uma gama considerável de profissionais de nome no meio geográfico acaba por permitir a apropriação desse campo por parte de outros profissionais. A ausência de geógrafos em órgãos públicos e privados talvez seja um reflexo dessa situação.

Bosque Sendra (1999) alerta para o risco corrido pela Geografia a partir do desenvolvimento dos SIGs, comparando o quadro atual com aquele vivido pela ciência no século XVIII, quando ocorreu a separação da Cartografia e da Geodésia, áreas com conteúdos, de acordo com o autor, mais "científicos" e "matemáticos". Mais uma vez, analisando o caso brasileiro, o paulatino afastamento da Geografia do quantitativismo, no final do século XX, provavelmente se deveu ao avanço de certos preceitos marxistas da escola crítica. Esta, por certo mal interpretada, embasou o pensamento geográfico especialmente no decorrer das décadas de 1970 a 1990. Qualquer forma de analisar questões espaciais que fugissem a determinadas metodologias eram desacreditadas pela intelectualidade de então.

### 1.1.2 Princípios básicos da "Geografia Tradicional"

Entre as escolas da Geografia, aquela que talvez tenha sofrido as maiores e mais contundentes críticas, ao menos no Brasil, foi a escola *pragmática*, isto é, a da chamada *Geografia Quantitativa*, ou *Geografia Teorética*, ou ainda, *Nova Geografia*. As discussões realizadas na busca do objeto de estudo da ciência e de sua praticidade levaram à sintetização de algumas ações, objeto da ferrenha crítica por parte de grupos não alinhados com tal pensamento.

Uma das questões polêmicas referia-se à idealização de certos princípios básicos nos quais a pesquisa científica deveria se apoiar. Tais princípios, que estavam vinculados à denominada "Geografia Tradicional" (Moraes, 2005), baseavam-se na praticidade exigida para a realização de determinados tipos de estudos. Estes podem ser resumidos da forma seguinte:

 i. *Princípio da unidade terrestre*, no qual é apresentada uma visão de conjunto do planeta.
 ii. *Princípio da individualidade*, que exprime que cada lugar possui características próprias, as quais não podem ser reproduzidas igualmente em outro.
 iii. *Princípio da atividade*, o qual sugere que a natureza está em constante transformação.

# 1 Introdução

iv. *Princípio da conexão*, que exprime a ocorrência de uma relação entre tudo o que existe na superfície da Terra.
v. *Princípio da comparação*, que apresenta que as diferenças percebidas no planeta são entendidas pela comparação de suas especificidades.
vi. *Princípio da extensão*, o qual sugere que um fenômeno ocorre em um lugar específico da superfície terrestre.
vii. *Princípio da localização*, que mostra que a ocorrência de um determinado fenômeno pode ser localizada.

Os princípios da ciência geográfica tradicional nortearam muitos dos trabalhos realizados dentro de tais concepções científicas. Ainda hoje tais princípios são utilizados de forma mais ou menos incisiva, especialmente na estruturação de estudos baseados no uso de geotecnologias.

# 2
# Geografia Tecnológica

No capítulo anterior foram expostas breves características da Geografia dentro de uma contextualização epistemológica. Inserida num campo científico, o qual acaba por abarcar porções de distintas áreas do conhecimento, a ciência geográfica apresenta como objeto de estudo a complexa rede de interação dos fenômenos experimentados pela sociedade e do ambiente por ela ocupado.

A ideia de espaço geográfico e de como este é construído, organizado e estruturado traduz-se na preocupação do geógrafo enquanto pesquisador. Nesse sentido, a inesgotável busca de conhecimento pelo estudo da realidade verificada nesse espaço geograficamente constituído traz a necessidade do auxílio de um ferramental de apoio bastante significativo.

Apesar de esquecida por muitos "geógrafos", uma das ferramentas mais associadas à figura desses profissionais, sem dúvida, é o mapa. Entrementes, novas tecnologias vão se sobrepondo ao uso de mapas, configurando ao técnico um expressivo e poderoso instrumental para seu trabalho. Essa percepção compreende as ditas geotecnologias como as aliadas mais representativas contidas nesse cabedal.

É importante ser destacado, entretanto, que, por causa de diferentes concepções a respeito dos direcionamentos epistemológicos experimentados pela ciência geográfica, existe uma forte tendência no sentido do estabelecimento de novas propostas paradigmáticas.

Tal processo poderá promover tanto avanços significativos em termos de possibilidades de aplicação da Geografia, quanto uma cisão acadêmico-científica, a qual poderá culminar, inclusive, com o surgimento de uma nova ciência.

Autores de renome internacional vêm debatendo as diversas derivações advindas dessa possível "ruptura". Se, por um lado, percebe-se a possibilidade de cisalhamento da Geografia, por outro lado, pesquisadores como Dobson (2004) apresentam as tecnologias dos SIGs como um novo campo de trabalho para os geógrafos. Em diversos textos, o citado autor, que já trabalhara a ideia de uma Ciência da Informação Geográfica (CIG) – do inglês *Geographic Information Science* (GISc) –, discute sobre uma possível revolução no conhecimento geográfico a partir do uso de SIGs (Dobson, 1993, 2004).

Analisando perspectivas diversas, Goodchild (2004) discorre sobre diferentes conceitos a respeito da CIG. As ideias apresentadas pelo autor resultam de discussões realizadas a partir do "Consórcio Universitário para a Ciência da Informação Geográfica (UCGIS)", que reúne cerca de 70 instituições acadêmicas e órgãos públicos e privados dos EUA. Numa primeira abordagem, Goodchild cita Clarke (1994), que apresenta essa ciência como "a disciplina que usa sistemas de informações geográficas como ferramentas para entender o mundo". Em outra de suas interpretações, coloca a ciência como um "depósito de conhecimentos que são implementados nos SIGs e que tornam os SIGs possíveis". Numa terceira perspectiva, o autor apresenta que a CIG "desenvolve, nos resultados acumulados de muitos séculos de investigações, interesses em como descrever, mensurar e representar a superfície da Terra".

As abordagens trabalhadas por Goodchild refletem os direcionamentos dessa possível área do conhecimento e seus impactos na Geografia, dada a proximidade de ambas. Bosque Sendra (1999) segue nessa direção citando que "a análise geográfica, fundamento da CIG e dos SIGs, tem boa parte de sua origem em trabalhos de geógrafos".

A vinculação Geografia–SIG–CIG apresenta-se, assim, bastante clara. Entretanto, pelos motivos já apontados, torna-se de difícil desdobramento e acomodação. Tal situação, portanto, pode levar a um possível rompimento da ciência geográfica como hoje é concebida.

Alguns autores, entretanto, comentam que os direcionamentos epistemológicos experimentados pela ciência podem derivar para, simplesmente, outros contextos teóricos intrínsecos a ela. Assim, teríamos as noções da chamada "Geografia Automatizada", proposta por Dobson (1983), e da "Geografia Global", de Buzai (1999). Outra noção que pouco tem aparecido, apesar de aparentemente não contar com uma conceituação mais acadêmica, diz respeito ao que denominar-se-á de "Geografia Tecnológica". Esta poderia ser encarada como uma derivação da proposta de Dobson, a qual integraria definitivamente os avanços tecnológicos com o objeto de estudo e certos preceitos metodológicos da ciência geográfica. Constituir-se-ia, assim, um novo campo dentro do saber geográfico.

Neste ponto, merece ser destacada a conclusão de Bosque Sendra (1999) quando apresenta que "os próximos anos [...] vão resultar num período crucial no desenvolvimento da Geografia". Caberá, portanto, aos próprios profissionais da área decidirem pelo futuro direcionamento a ser experimentado pela ciência.

## 2.1 Nova Proposta Paradigmática

O conteúdo apresentado até aqui tratou de esclarecer, na medida do possível, a vinculação original CIG–SIG–Geografia. Como será visto adiante, as características de um SIG pressupõem a integração de uma ampla gama de conhecimentos, caracterizando esse tipo de sistema como interdisciplinar. Essa condição está relacionada ao próprio caráter da ciência geográfica, pois esta abarca conhecimentos de diversas outras ciências. George (1986, p. 7) chegou ao ponto de classificá-la como "uma ciência de síntese na encruzilhada dos métodos de diversas ciências".

As características intrínsecas a um SIG, especialmente aquelas referentes ao convívio multidisciplinar, trazem certas dificuldades no estabelecimento de estruturas próprias. Assim sendo, percebe-se uma grande quantidade de conceitos e definições relacionadas que muitas vezes mais confundem que auxiliam na compreensão do tema.

### 2.1.1 SIG E GEOPROCESSAMENTO

O termo SIG e suas derivações vêm sendo motivo de discussão já há algum tempo. Diversos autores utilizam a tradução do inglês *Geographical Information Systems* (GIS) (Burrough, 1989; Burrough; McDonnell,1998; Maguire, 1991) ou *Geographic Information Systems* (Maguire, 1991) de forma diferenciada para o português, ora no singular – Sistemas de Informação Geográfica (Matos, 2001; Neto, 1998; Rocha, 2000) –, ora no plural – Sistemas de Informações Geográficas (Assad; Sano, 1998; Mendes; Cirilo, 2001; Silva, 1999).

Neste livro, será utilizada a sigla SIG para designar **Sistema de Informações Geográficas**. Tal opção deve-se ao fato de tratar-se de um sistema computacional que trabalha um número infinito de informações de cunho geográfico.

O desenvolvimento dos SIGs deve-se, entre outros fatores, à evolução do computador (*hardware*) e de programas específicos (*software*) que conseguem resolver os problemas de quantificação de maneira mais rápida e eficaz que outrora. Assim, o uso maciço desses sistemas está vinculado ao aparelhamento de órgãos públicos e privados. Nessas condições, além da necessidade de uso do meio computacional, faz-se necessária a existência de uma base de dados georreferenciados, que são os dados que estão associados a um sistema de coordenadas conhecido, ou seja, vinculam-se a pontos reais dispostos no terreno, caracterizados, em geral, pelas suas coordenadas de latitude e longitude.

Talvez a principal dificuldade existente na estruturação de uma definição única para os SIGs venha de suas próprias características estruturais, bem como da própria diversidade de aplicações a eles inerentes (Buzai, 2000). Assim, a título de ilustração, apresenta-se aqui a definição de Burrough e McDonnell, que entendem que um SIG

> é um poderoso conjunto de ferramentas para coleta, armazenamento, recuperação, transformação e visualização de dados espaciais do

mundo real para um conjunto de propósitos específicos. (Burrough; McDonnell, 1998, p. 11).

Outro autor que merece ser citado, em virtude de sua inestimável contribuição na área, principalmente com relação ao desenvolvimento do *software* Idrisi, é Ronald Eastman. De forma bastante condensada, o autor apresenta SIG como "um sistema assistido por computador para a aquisição, armazenamento, análise e visualização de dados geográficos" (Eastman, 1995, p. 2-1).

Nas definições apresentadas no Cap. 1, foi visto que uma **informação** poderia ser considerada como um conjunto de registros e dados interpretados e dotados de significado lógico. Já um **sistema** poderia ser entendido como um conjunto integrado de elementos interdependentes, estruturado de tal forma que estes possam relacionar-se para a execução de determinada função. Finalmente, um **sistema de informação** seria compreendido como um sistema utilizado para coletar, armazenar, recuperar, transformar e visualizar dados e informações a ele vinculados.

No contexto apresentado, pode-se, então, definir SIG como um sistema constituído por um conjunto de programas computacionais, o qual integra dados, equipamentos e pessoas com o objetivo de coletar, armazenar, recuperar, manipular, visualizar e analisar dados espacialmente referenciados a um sistema de coordenadas conhecido.

Como qualquer sistema computacional, um SIG terá sua acessibilidade definida pelo responsável por sua confecção. Assim, determinadas ferramentas acessíveis a um usuário poderão ou não ser acessadas por outro. O usuário "A" poderá somente, por exemplo, realizar consultas a mapas e determinados dados a eles referentes. Já um usuário "B" poderá, além desses mesmos acessos, por exemplo, inserir novos dados no sistema. Um usuário "C", finalmente, poderá, além das possibilidades definidas aos usuários "A" e "B", alterar, apagar, inserir ou reestruturar dados no sistema.

Para exemplificar, cita-se o sistema de notas de uma universidade. Nesse tipo de sistema, um professor pode inserir, apagar e alterar as notas dos alunos de uma determinada disciplina ao longo do semestre (grau 1, grau 2 e exame), não tendo acesso às notas de outros professores. No final, o sistema calcula a nota final (média dos G1 e G2 e, se necessário, do exame) e verifica a aprovação ou não do aluno. O aluno pode consultar somente as respectivas notas obtidas nas diversas disciplinas cursadas, não podendo modificá-las. É também permitida a consulta do resultado final: aprovação ou reprovação. No caso de alteração no sistema de avaliação (mudança de nota mínima para aprovação, por exemplo), somente o administrador do sistema estará apto para proceder à mudança.

Outra questão a ser levantada diz respeito ao uso generalizado, ao menos no Brasil, do termo geoprocessamento. A literatura novamente é prodigiosa em definições mais ou menos abrangentes e elucidativas. Como exemplo, pode-se citar Rocha, que define geoprocessamento como

> *uma tecnologia transdisciplinar, que, através da axiomática da localização e do processamento de dados geográficos, integra várias disciplinas, equipamentos, programas, processos, entidades, dados, metodologias e pessoas para coleta, tratamento, análise e apresentação de informações associadas a mapas digitais georreferenciados* (Rocha, 2000, p. 210, grifo do autor).

Derivando dessa e de outras definições e caracterizações semelhantes e procurando sintetizar um pouco a conceituação, pode-se considerar o geoprocessamento como uma tecnologia, ou mesmo um conjunto de tecnologias, que possibilita a manipulação, a análise, a simulação de modelagens e a visualização de dados georreferenciados. Trata-se, portanto, de uma técnica agregada ou não ao uso de um SIG. A antiga sobreposição de mapas traçados em lâminas transparentes ou papel vegetal e as análises resultantes podem ser entendidas como práticas de geoprocessamento sem o uso de um instrumental mais sofisticado. O uso da computação somente facilitou os procedimentos, tornando-os mais rápidos, dinâmicos e precisos.

### 2.1.2 Diferenças entre SIGs e outros sistemas

Neste ponto, torna-se importante a caracterização de sistemas associados aos SIGs e, não raro, confundidos com estes. Assim, tem-se:

- Sistemas CAD (*Computer Aided Design* → Projeto Auxiliado por Computador), que podem ser descritos como sistemas que armazenam dados espaciais como entidades gráficas. São utilizados, principalmente, em projetos de arquitetura e engenharia dada sua excepcional precisão. Em razão de sua funcionalidade, são bastante usados para digitalizar cartas topográficas.
- Sistemas CAM (*Computer Aided Mapping* → Mapeamento Auxiliado por Computador), os quais são utilizados para a produção de mapas utilizando *layers* ou camadas de entidades gráficas georreferenciadas. Podem ser considerados como uma sofisticação dos CAD no que diz respeito ao uso em cartografia, mas ainda sem as possibilidades de um SIG.
- Sistemas AM/FM (*Automated Mapping/Facility Management* → Mapeamento Automatizado/Gerenciamento de Equipamentos), que são baseados nos sistemas CAD, mas menos precisos e/ou detalhados que os CAM. Apresentam ênfase no armazenamento e na análise de dados para a produção de relatórios.

Como se pode observar, os sistemas acima descritos possuem aplicabilidades específicas. Um SIG necessariamente deverá possuir funções e aplicações bastante mais complexas, o que os enquadram em uma categoria especial.

### 2.1.3 Aplicações de um SIG

As considerações até aqui promovidas fornecem ao leitor uma breve ideia da potencialidade das geotecnologias. Em geral, os produtos gerados por um SIG vinculam-se ao espaço físico, podendo, entretanto, trabalhar fenômenos climáticos, humanos, sociais e econômicos, entre outros. A partir desses espaços devidamente "mapeados" e trabalhados pelo SIG, pode-se conhecer melhor uma região, possibilitando, assim, o fornecimento de subsídios para uma futura tomada de decisões. Cabe salientar, entretanto, que o próprio desenrolar das atividades desenvolvidas no decorrer do uso de um SIG pode fazer parte de um processo decisório mais consistente.

As aplicações desses sistemas demonstram ser, conforme as características apresentadas até aqui, incontáveis. Ações vinculadas ao planejamento, à gestão, ao monitoramento, ao manejo, à caracterização de espaços urbanos ou rurais certamente serão melhor trabalhadas com o auxílio de um SIG. Num município qualquer, pode-se extrair, como exemplo, as seguintes aplicações em termos de planejamento urbano:

- mapeamento atualizado do município;
- zoneamentos diversos (ambiental, socioeconômico, turístico etc.);
- monitoramento de áreas de risco e de proteção ambiental;
- estruturação de redes de energia, água e esgoto;
- adequação tarifária de impostos;
- estudos e modelagens de expansão urbana;
- controle de ocupações e construções irregulares;
- estabelecimento e/ou adequação de modais de transporte etc.

Deve-se destacar, entretanto, a necessária existência de mapas atualizados e de dados georreferenciados na prefeitura do município em questão. Um SIG desvinculado de um banco de dados consistente pouco ou nada tende a produzir de eficiente.

Outra aplicação bastante prática dos SIGs, mais especificamente vinculada ao geoprocessamento, diz respeito à realização de análises de cunho espacial por meio de mapas temáticos diversos. Uma das técnicas trabalha a sobreposição. Cada mapa contendo um tema específico, o qual constitui um PI – Plano de Informação, é sobreposto a outro de temática diferente, mas de igual dimensão, para a obtenção de um produto deles derivado. O mapa resultante é analisado com base nos anteriores e nos pressupostos metodológicos da ciência geográfica.

A utilização de funções como a sobreposição de mapas diversos para a obtenção de produtos derivados e a realização de análises de cunho espacial, conforme apresentam diversos autores, tem sido utilizada pelos geógrafos, já há muito tempo, a partir do uso de transparências. Na atualidade, esses procedimentos tornaram-se comuns no meio computacional, e o geógrafo parte do uso do teclado e do *mouse* na busca de resultados (Buzai, 2000, p. 23). Pode-se explicar, assim, a "popularização" dessa forma de análise e a utilização de SIGs e das técnicas de geoprocessamento nas mais diversas áreas, mesmo naquelas que até então desdenhavam propostas de análise espacial. O uso das geotecnologias por parte de equipes interdisciplinares é uma realidade inquestionável. Possivelmente, os avanços tecnológicos que proporcionaram facilidade de uso, rapidez e consistência de resultados tenham sido os responsáveis pela difusão e evolução desses sistemas.

### 2.1.4 Geografia tecnológica ou ciência da geoinformação?
Fazendo uso de tecnologias de importantes aplicações e que exigem sólidos conhecimentos, os SIGs necessitam de profissionais qualificados para a obtenção de resultados plenamente satisfatórios. A construção e o uso de um SIG deveriam, assim, partir da integração das visões específicas de indivíduos das diferentes áreas do saber. O produto final agregaria, portanto, a conjugação dos diversos pensamentos e correntes científicas, possibilitando trabalhos nos mais diversos campos do saber.

Em termos de um uso mais nobre, tais sistemas deveriam proporcionar aos técnicos a possibilidade de simular problemas, criar projetos, planejar ações e usar as informações geradas na busca de soluções para suas formulações. Para tal, é indispensável um bom de conhecimento do espaço que será palco de sua atuação.

Nas condições apresentadas, pelas características de sua formação, o profissional geógrafo parece ser aquele que mais se adapta ao perfil exigido, ou ao menos faz parte de uma equipe multidisciplinar. Não se trata de um posicionamento corporativista, até porque pode-se criticar duramente a formação acadêmica desse profissional. Nesse sentido, verifica-se um certo direcionamento do curso, em que a carga horária de disciplinas mais técnicas é, em geral, muito inferior à das disciplinas humanísticas, ao menos em termos de Brasil. Além dessa característica, pressupõe-se que a pequena carga horária verificada em grande parte dos cursos de Geografia brasileiros (normalmente com menos de 3.000 horas/aula) impede a formatação de uma estrutura curricular mais consistente para o momento atual (ao menos no sentido concebido por este texto).

Derivando de tais situações, vislumbra-se a pertinência do surgimento das discussões a respeito de um novo ramo do conhecimento científico, conforme colocado anteriormente, ou mesmo de um novo campo do saber geográfico. A constituição de uma *Ciência da Informação Geográfica*, ou, como preferimos denominar, *Ciência da Geoinformação*, ficaria caracterizada pela aglutinação dos conhecimentos inerentes à confecção de SIGs e às suas utilizações práticas. De igual forma poderíamos pensar uma *Geografia Tecnológica*, ou seja, uma nova proposta paradigmática dentro da Geografia.

A ideia intrínseca a uma ciência diz respeito à existência de um objeto de estudo definido e de um método de pesquisa associado. Pode-se conceber a Geografia, por exemplo, como a ciência que estuda as relações e interações existentes da sociedade humana e do meio que esta ocupa, bem como as consequências dessa dinâmica. Para a obtenção de resultados, a ciência geográfica faz uso de conceitos e metodologias de outras ciências, podendo ser vinculadas aos princípios básicos de ação da chamada Geografia Tradicional, a saber: *localização*, *extensão* e *causalidade* dos fenômenos abordados.

Em termos assemelhados, tanto uma *Geografia Tecnológica* quanto uma *Ciência da Geoinformação* fariam uso de métodos de outras ciências agregadas, utilizando-se dos princípios básicos de análise da própria Geografia. A diferenciação estrutural entre a Geografia tradicionalmente concebida e as propostas apresentadas estaria vinculada mais à metodologia do que ao objeto de estudo dessas áreas. Assim, a relação homem-meio seria trabalhada num sentido mais dinâmico, analisando questões ambientais, sociais, econômicas, culturais, históricas, geológicas etc. a partir de modelagens virtuais.

Essa caracterização, a nosso ver, não implicaria uma nova ciência, mas sim uma nova abordagem epistemológica da ciência, a qual denominamos de *Geografia Tecnológica*. Trata-se, portanto, simplesmente de uma nova forma de leitura e modelagem do objeto de estudo da Geografia. As atividades de modelagem, análise e resolução de problemas de caráter ambiental, econômico, físico, social etc. seriam trabalhadas, dentro dessa nova concepção, por meio da união de características específicas da geografia, da informática e da cartografia. A ideia apresentada traduz a hibridez dessa abordagem, o que pode justificar uma certa relutância em termos de sua disseminação, ou mesmo de sua derivação para um novo ramo científico.

Em alguns países, é apresentada a denominação "geomática" (Bosque Sendra, 1999; Matos, 2001). A preferência pela utilização da terminologia "ciência da geoinformação" em vez de "geomática" diz respeito à ideia de "ciência" vinculada ao uso de SIGs, seguindo os apontamentos de Dobson (2004) e Goodchild (2004). O termo geomática vem sendo comumente apresentado como uma tecnologia, e não uma ciência. Os parâmetros curriculares do MEC apontam para a formação do profissional "Tecnólogo em geomática", traduzindo bem essa ideia quando afirmam que a "geomática, enquanto tecnologia de informação, é multifacetada", tratando-se "da área tecnológica que visa à aquisição, ao armazenamento, a análise, a disseminação e o gerenciamento de dados espaciais" (Ministério da Educação, 2000, p. 9).

Entretanto, cabe introduzir Matos (2001), que aponta a geomática como uma nova designação para a evolução experimentada pela cartografia, vinculada a uma ciência de construção de modelos descritivos da realidade com ênfase na sua caracterização espacial, com uma vertente computacional bastante destacada. Tal noção abrange as características anteriormente apresentadas como "ciência da geoinformação". Não obstante, a quase totalidade de textos que fazem uso da terminologia "geomática" trabalha com aspectos eminentemente técnicos, distanciando-se de questões epistemológicas.

Dessa maneira, em se tratando de uma terminologia, neste livro, a geomática será entendida como *técnica*, e não como *ciência*.

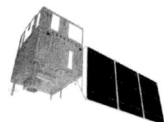

Para trabalhar com geotecnologias, é necessária a compreensão de determinadas técnicas específicas. Uma delas diz respeito ao uso de bases cartográficas confiáveis, o que vincula-se diretamente à compreensão de regras básicas para essa forma de representação da realidade.

# 3 Bases Cartográficas

Num primeiro momento, se faz necessária uma abordagem a respeito da forma da Terra. Esta, atualmente de compreensão um tanto óbvia, foi motivo de discussões exaustivas e até de violentas execuções num passado nem tão distante.

Desde a época do apogeu da antiga Grécia, muitos pensadores já acreditavam que a Terra possuía uma superfície esférica. Com maior ou menor precisão, vários investigadores realizaram experimentos a fim de mensurar suas dimensões e procurar definir sua forma característica. Apesar dos retrocessos científicos experimentados no decorrer da Idade Média, a partir de algumas observações feitas pelos antigos navegadores, as questões apresentadas pelos gregos foram novamente sendo retomadas, e a esfericidade terrestre voltou a ser aceita.

No século XVII, o astrônomo francês Jean Richer verificou que em Caiena, na Guiana Francesa, um relógio dotado de um pêndulo de um metro atrasava cerca de dois minutos e meio por dia em relação à idêntica situação experimentada em Paris, capital da França. A partir do princípio da Gravitação Universal de Newton, o pesquisador estabeleceu uma relação entre as diferentes gravidades experimentadas nas proximidades do equador e em Paris. Dessa maneira, concluiu que, na zona equatorial, a distância entre a superfície e o centro da Terra era maior do que a distância mensurada na proximidade dos polos.

As observações realizadas levaram, portanto, à ideia de que a forma do Planeta não seria a de uma esfera perfeita, pois ocorre um "achatamento" nos seus pólos. Assim, sua forma estaria próxima a de um *elipsoide*, figura matemática cuja superfície é gerada pela rotação de uma elipse em torno de um de seus eixos. Cabe ser considerado, entretanto, que as diferenças entre as dimensões dos diâmetros equatorial (aproximadamente 12.756 km) e do eixo de rotação (cerca de 12.714 km) não são tão significativas. A diferença de, aproximadamente, 42 km entre as medidas representa um "achatamento" próximo de 1/300.

Outro termo bastante utilizado para definir a forma do Planeta, o *geoide*, pode ser conceituado como uma superfície coincidente com o nível médio e inalterado dos mares e gerada por um conjunto infinito de pontos, cuja medida do potencial do campo gravitacional da Terra é constante e com direção exatamente perpendicular a esta. O geoide seria, assim, a superfície que representaria da melhor forma a superfície real do planeta.

Entretanto, as dificuldades no uso do geoide como superfície representativa da Terra conduziram à utilização do *elipsoide de revolução*, dadas suas propriedades, como figura utilizada pela Geodésia para seus trabalhos. A Fig. 3.1 apresenta uma comparação ilustrativa entre as diversas formas de representação do Planeta.

## 3.1 Sistemas Geodésicos de Referência

Uma das condições essenciais para quem trabalha com geoinformação diz respeito ao uso de sistemas de referência. Quando se deseja estabelecer uma relação entre um ponto determinado do terreno e um elipsoide de referência, é preciso referir-se a um sistema específico que faça esse relacionamento. Os *sistemas geodésicos de referência* cumprem essa função.

### 3.1.1 Sistema geodésico brasileiro

Cada país adota um sistema de referência próprio, baseado em parâmetros predeterminados a partir de normas específicas. O Sistema Geodésico Brasileiro (SGB), por exemplo, é composto por redes de altimetria, gravimetria e planimetria.

No SGB, o referencial de altimetria está vinculado ao *geoide*, forma descrita anteriormente como uma superfície equipotencial do campo gravimétrico da Terra, a qual, no caso brasileiro, coincide com a marca "zero" do marégrafo de Imbituba, no Estado de Santa Catarina.

O *referencial de gravimetria* do SGB vincula-se a milhares de estações existentes no território nacional, as quais colhem dados com respeito à aceleração da gravidade em cada uma delas.

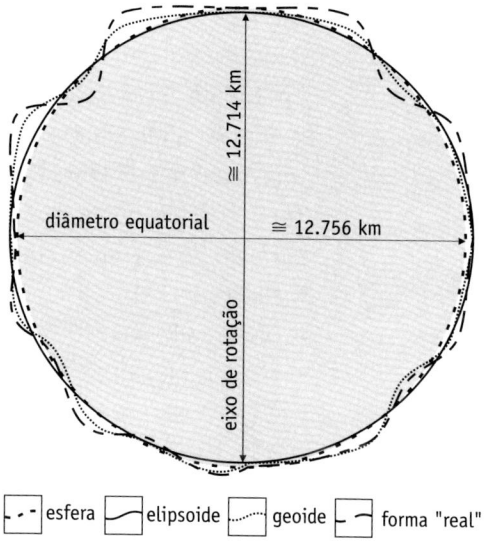

Fig. 3.1 *Formas de representação da Terra*

Por fim, a definição das superfície, origem e orientação do sistema de coordenadas usado para mapeamento e georreferenciamento no território brasileiro são dadas pelo *referencial de planimetria*, representado ainda hoje pelo SAD-69, porém em processo de alteração.

### Sistema Geodésico Sul-Americano de 1969 (SAD-69)

O Sistema Geodésico Brasileiro faz parte do Sistema Geodésico Sul-Americano de 1969, conhecido como SAD-69. Este apresenta dois parâmetros principais, a saber: a figura geométrica representativa da Terra, isto é, o elipsoide de referência, e sua orientação, ou seja, a localização espacial do ponto de origem – a base – do sistema.
O SAD-69 possui as seguintes características principais:

### Figura da Terra

De acordo com o Elipsoide Internacional de 1967:
⊕ Semieixo maior (a) = 6.378.160,00 m
⊕ Semieixo menor (b) = 6.356.774,72 m
⊕ achatamento ($\alpha$) = (a-b)/a = 1/298,25

*Orientação*
- Geocêntrica: dada pelo eixo de rotação paralelo ao eixo de rotação da Terra e com o plano meridiano de origem paralelo ao plano do meridiano de Greenwich, conforme o Serviço Internacional da Hora (Bureau International de L'Heure – BIH).
- Topocêntrica: no vértice de Chuá, da cadeia de triangulação do paralelo 20°S, com as seguintes coordenadas:
  - (latitude) = 19°45'41,6527"S
  - (longitude) = 48°06'04,0639"WGr
  - N (altitude) = 0,0 m

*Sirgas*
Outro sistema de referência utilizado no Brasil, o Sistema de Referência Geocêntrico para as Américas (Sirgas), encontra-se em implantação e está sendo utilizado concomitantemente com o SAD-69.

O Sirgas foi concebido em razão da necessidade de adoção de um sistema de referência compatível com as técnicas de posicionamento por satélite, dadas por sistemas dessa natureza, como o GPS. Amplamente discutido no meio cartográfico latino-americano, ele está programado para substituir o SAD-69 até 2015.

Esse sistema leva em consideração os seguintes parâmetros:
- *International Terrestrial Reference System* (ITRS) – Sistema Internacional de Referência Terrestre;
- Elipsoide de Referência: Geodetic Reference System 1980 (GRS80) – Sistema Geodésico de Referência de 1980, com:
  - raio equatorial da Terra: a = 6.378.137 m
  - semieixo menor (raio polar): b = 6.356.752,3141 m
  - achatamento ($\alpha$) = 1/298,257222101

## 3.2 Sistemas de Coordenadas

Um sistema geodésico de referência, conforme a descrição anterior, sustenta-se na figura de um elipsoide de referência. Essa figura, entretanto, está dotada de um sistema de coordenadas definido por duas posições principais, a latitude e a longitude.

# 3 Bases Cartográficas

Assim, a latitude de um ponto pode ser descrita como a distância angular entre o plano do equador e um ponto na superfície da Terra, unido perpendicularmente ao centro do Planeta. A latitude é representada pela letra grega φ (*fi*), com variação entre 0° e 90°, nas direções norte ou sul.

Já a longitude de um ponto pode ser considerada como o ângulo formado entre o ponto considerado e o meridiano de origem (normalmente Greenwich = 0°). A longitude varia entre 0° e 180°, nas direções leste ou oeste desse meridiano e é representada pela letra grega λ (*lambda*).

A Fig. 3.2 mostra uma representação dos conceitos de latitude e longitude.

Outros conceitos que merecem destaque são o de *meridiano*, ou seja, cada um dos círculos máximos que cortam a Terra em duas partes iguais, passam pelos polos Norte e Sul e cruzam-se entre si nesses pontos; e o de *paralelo*, que representaria cada círculo que corta a Terra perpendicularmente em relação aos meridianos. O cruzamento de um paralelo com um meridiano representa, consequentemente, um ponto de coordenadas (λ, φ) específicas.

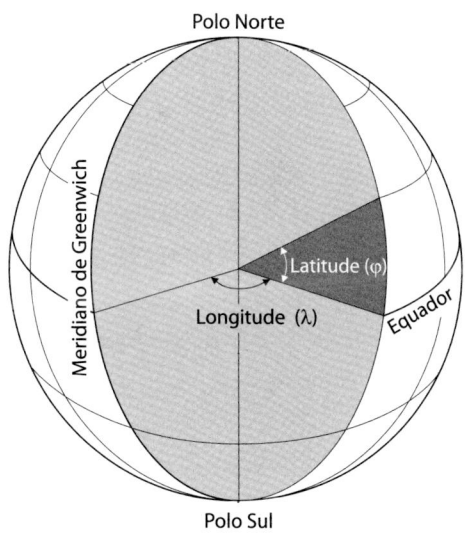

**Fig. 3.2** Latitude e longitude

A localização precisa de pontos sobre a superfície da Terra se dá, portanto, com a utilização de um *sistema de coordenadas*. Este possibilita, por meio de valores angulares (coordenadas esféricas) ou lineares (coordenadas planas), o posicionamento preciso de um ponto em um sistema de referência.

A prática com SIGs define a utilização de diversos sistemas de coordenadas. Neste livro serão apresentados dois dos mais utilizados: o *Sistema de Coordenadas Geográficas*, baseado em coordenadas geodésicas, e o *Sistema UTM*, baseado em coordenadas plano-retangulares.

### 3.2.1 Sistema de Coordenadas Geográficas

A forma mais utilizada para a representação de coordenadas em um mapa se dá pela aplicação de um sistema sexagesimal denominado *Sistema de Coordenadas Geográficas*. Os valores dos pontos localizados na superfície terrestre são expressos por suas coordenadas geográficas, *latitude* e *longitude*, contendo unidades de medida angular, ou seja, graus (°), minutos (') e segundos (").

As *Coordenadas Geográficas* localizam, de forma direta, qualquer ponto sobre a superfície terrestre. O valor da coordenada deve vir acompanhado da indicação do hemisfério correspondente: N ou S para a coordenada norte ou sul (latitude), e E (do inglês *East*) ou W (do inglês *West*) para a coordenada leste ou oeste (longitude), respectivamente, podendo-se utilizar L e O para leste e oeste. Foi convencionada, também, a utilização dos sinais + ou - para a indicação das coordenadas N e E (sinal positivo) e S e W (sinal negativo). Assim, quando o ponto estiver localizado ao sul do equador, a leitura da latitude será negativa, e, ao norte, positiva. Da mesma forma, quando o ponto estiver situado a oeste de Greenwich, a longitude terá valor negativo, e a leste, valor positivo.

Para exemplificar, pode-se citar o caso do município de Arroio do Meio, no Estado do Rio Grande do Sul. De acordo com o IBGE, para efeitos de localização, o município situa-se nas coordenadas:

- $\lambda$ = 51°56'24"WGr (lê-se: cinquenta e um graus, cinquenta e seis minutos e vinte e quatro segundos de longitude oeste, ou, a oeste de Greenwich), ou ainda, $\lambda$ = − 51°56'24"; e
- $\varphi$ = 29°24'S (lê-se: vinte e nove graus e vinte e quatro minutos de latitude sul, ou, ao sul do equador), ou então, na forma $\varphi$ = − 29°24'.

## 3 BASES CARTOGRÁFICAS

### *Cálculo das coordenadas geográficas*

O cálculo das coordenadas geográficas de um ponto, em uma carta topográfica impressa, pode ser realizado a partir da realização de regras de três simples. Nesse caso, procede-se à proporção entre a distância medida sobre um paralelo (ou meridiano) fictício do ponto até a longitude (ou latitude) conhecida mais próxima e a distância existente entre duas longitudes (ou latitudes) conhecidas, medida da mesma forma. A Fig. 3.3 exemplifica essa aplicação.

No exemplo apresentado pela Fig. 3.3, tem-se a seguinte composição:

5 cm → 10° (50° – 40°)
2,1 cm → x
x = 4,2° = 4°12'

Assim, o ponto "X" está a 4°12' do meridiano aparente de 50°W, ou seja, o valor da longitude no ponto "X" será dado por 50° – 4°12' = 45°48'.

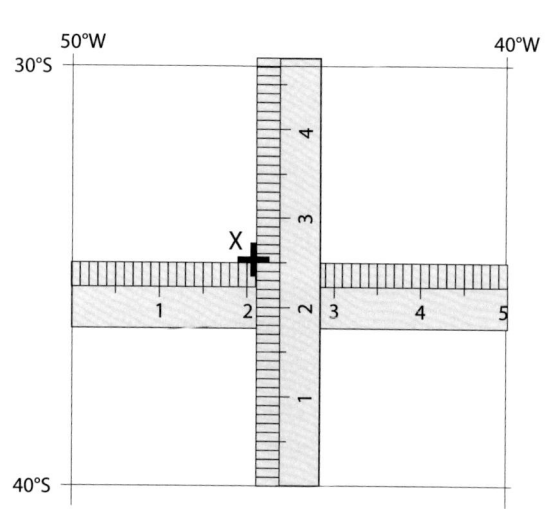

**Fig. 3.3** Coordenadas geográficas do ponto "X"

De forma idêntica se faz o cálculo para a latitude do ponto em questão. No caso, tem-se:

4,7 cm → 10° (40° – 30°)
2,5 cm → x
x = 5,319148936° = 5°19'08,94"

Então, a latitude do ponto "X" será dada por 40° – 5°19'08,94" = 34°40'51,06"S.

Assim, as coordenadas do ponto "X" serão dadas pela suas longitude e latitude, ou seja:

⊕ longitude: 45°48'W
⊕ latitude: 34°40'51,06"S

### 3.2.2 Sistema Universal Transversal de Mercator (UTM)

O sistema UTM é, talvez, o mais empregado em trabalhos que envolvam SIGs. Suas facilidades dizem respeito à adoção de uma projeção cartográfica que trabalha com paralelos retos e meridianos retos e equidistantes. Essa projeção, concebida por Gerhard Kremer, conhecido como Mercator, publicada em 1569, originou tal sistema.

Além de apresentar o sistema de coordenadas geográficas, o sistema UTM caracteriza-se por adotar *coordenadas métricas planas* ou *plano-retangulares*. Tais coordenadas possuem especificidades que aparecem nas margens das cartas, acompanhando uma rede de quadrículas planas.

A origem do sistema é estabelecida pelo cruzamento do equador com um meridiano padrão específico, denominado *Meridiano Central* (MC). Os valores das coordenadas obedecem a uma sistemática de numeração que estabelece um valor de 10.000.000 m (dez milhões de metros) sobre o equador e de 500.000 m (quinhentos mil metros) sobre o MC. As coordenadas lidas a partir do eixo N (norte-sul) de referência, localizado sobre o equador terrestre, vão se reduzindo no sentido sul do eixo. As coordenadas do eixo E (leste-oeste), contadas a partir do MC de referência, possuem valores crescentes no sentido leste e decrescentes no sentido oeste.

É importante ser observado que, em função de ser constituído por uma projeção secante, no MC tem-se um fator de deformação de escala $k$ = 0,9996 em relação às linhas de secância, em que $k$ = 1, que indicam os únicos pontos sem deformação linear. Como há um crescimento progressivo após a passagem pelas linhas de secância, grandes problemas de ajustes podem vir a ocorrer em trabalhos que utilizem cartas *adjacentes* ou *fronteiriças*, ou seja, cartas consecutivas com meridianos centrais diferentes. Assim, uma estrada situada em um determinado local numa carta pode aparecer bastante deslocada na folha adjacente a esta.

## Cálculo das coordenadas UTM

As *coordenadas UTM* de um ponto qualquer de um mapa podem ser calculadas utilizando-se o mesmo princípio apresentado para o cálculo das coordenadas geográficas. Em se tratando de coordenadas planas, entretanto, sempre deve-se atentar ao fato de que estas representam distâncias planimétricas em relação a um ponto de origem dado pelo cruzamento do MC referente e da linha representativa do plano do equador. Como exemplo, serão calculadas as coordenadas do ponto A apresentado na Fig. 3.4.

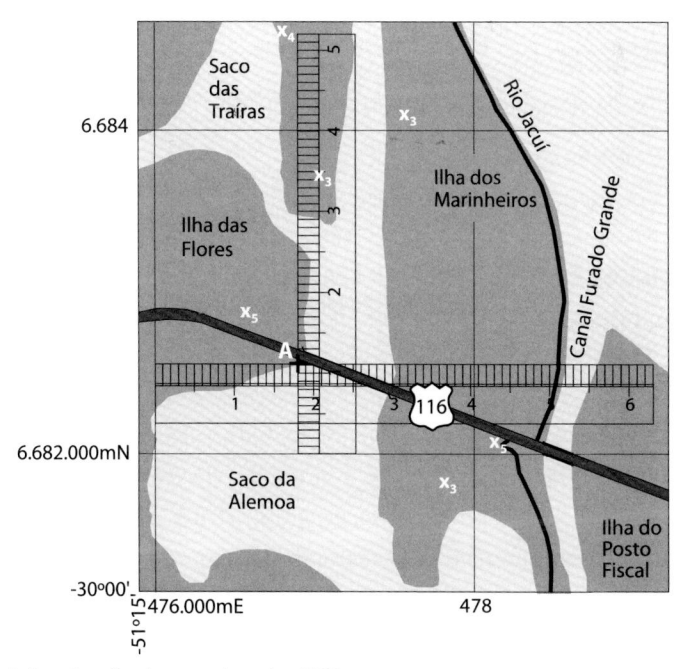

**Fig. 3.4** *Determinação das coordenadas UTM*

Para a realização do cálculo, deve-se coincidir o zero da régua com a linha da quadrícula exatamente anterior ao ponto "A" e medir a distância até esse ponto. No exemplo da Fig. 3.4, encontraram-se 18 mm desde a linha correspondente a 476.000 m até o ponto "A". Pode-se observar, pela porção da carta apresentada, que esta apresenta uma escala 1:50.000, que pode sofrer alteração em razão de ajustes de impressão deste livro. Assim, pode-se constatar que cada milímetro medido no mapa corresponda a 50 m na realidade. Então, para os 18 mm medidos no mapa, teremos um total de 900 m (18 mm × 50 m = 900 m) na realidade, desde essa linha até o ponto *"A"* considerado. Dessa forma, a coordenada *"E"* (eixo horizontal) apresentará o valor da coordenada apresentada pela quadrícula imediatamente anterior ao ponto, acrescida da distância encontrada, apresentando um total de 476.900 m (476.000 m + 900 m = 476.900 m). Igual procedimento deve ser adotado para a coordenada *"N"* (eixo vertical). Portanto, para a distância entre a linha imediatamente inferior ao ponto *"A"* (6.682.000 m) encontraram-se exatamente 11 mm, ou seja, considerando-se a escala 1:50.000, um total de 550 m na realidade (11 mm x 50 m). Acrescendo-se esse valor ao da coordenada da linha (quadrícula) anterior considerada, teremos 6.682.550 m (6.682.000 m + 550 m = 6.682.550 m).

Finalmente, as coordenadas do ponto *"A"* serão:

- Coordenada E: 476.900mE
- Coordenada N: 6.682.550mN

## 3.3 Coordenadas Obtidas em Trabalhos de Campo

Quando se lida com coordenadas obtidas a partir de trabalhos de campo, seja por *levantamentos topográficos* ou com a utilização de *sistemas de posicionamento por satélites*, deve-se, num primeiro momento, avaliar a precisão dos trabalhos realizados. Esta vai depender da acurácia do equipamento e da competência do operador. Não se pode esquecer, igualmente, a finalidade do levantamento, pois o deslocamento de alguns milímetros, em certos trabalhos, pode implicar resultados desastrosos.

### 3.3.1 Levantamentos topográficos

Os levantamentos topográficos tradicionais trazem um conjunto de coordenadas de pontos obtidas com a utilização de equipamentos de precisão excepcional. Os levantamentos topográficos são próprios para gerar cartas topográficas de escalas maiores do que 1:5.000, sendo exageradamente minuciosos, entretanto, para mapear grandes áreas (em escalas pequenas). Dessa forma, a relação custo-benefício, ditada principalmente pelo valor dos equipamentos e da mão de obra do pessoal envolvido, ficaria sobremaneira prejudicada.

### 3.3.2 Sistemas de posicionamento por satélite

Outra forma de obtenção de coordenadas geográficas em campo se dá com o uso de sistemas de posicionamento por satélite. Os sistemas em operação utilizados para esse fim – *Global Position System* (GPS), *Global Navigation Satellite System* (Glonass) e *Galileo* – são baseados no recebimento de dados em terra via satélite. Dada a crescente evolução de tais sistemas, verifica-se que estes, aos poucos, tendem a substituir, em boa parte dos casos, os levantamentos topográficos tradicionais.

#### *Sistema de Posicionamento Global (GPS)*

O sistema de posicionamento por satélite mais utilizado atualmente no Brasil, o GPS, foi concebido nos Estados Unidos com fins militares. Entretanto, por causa da crescente demanda, acabou se disseminando pelo mundo, constituindo-se, atualmente, como uma ferramenta de enorme utilidade para os mais diversos fins.

Esse sistema faz uso de dezenas de satélites que descrevem órbitas circulares inclinadas em relação ao plano do equador, com duração de 12 horas siderais. Os satélites estão posicionados numa altura de cerca de 20.200 km em relação à superfície terrestre e enviam sinais que são capturados por um ou mais receptores GPS no terreno.

As coordenadas geográficas e da altitude de um ponto são lidas por meio de um processo semelhante à triangulação. Para isso, são selecionados, no mínimo, os quatro satélites melhor posicionados em relação aos aparelhos situados na superfície terrestre.

As coordenadas adquiridas por GPS podem ser lidas de duas formas básicas:

- Com um *posicionamento absoluto*, em que se utiliza apenas um receptor GPS para a realização das leituras, de forma isolada, quando a precisão exigida é fixada pela acurácia do aparelho. Essa maneira de posicionamento é utilizada nos processos de navegação em geral; por exemplo, em embarcações, automóveis e levantamentos expeditos realizados em campo.

⊕ Com um *posicionamento relativo*, quando se utilizam pelo menos duas estações de trabalho que fazem a leitura simultânea dos mesmos satélites. No caso do uso de dois aparelhos, um deles, que deve estar situado sobre um ponto/estação de referência onde as coordenadas são conhecidas, serve para corrigir os erros provocados pelas interferências geradas nas transmissões; o outro é utilizado para a realização das leituras necessárias ao levantamento. Como os dois receptores leem os mesmos dados, no mesmo instante, é possível estabelecer uma relação entre as leituras e efetuar um ajuste ou uma correção diferencial com o auxílio de um programa específico, geralmente fornecido pela empresa fabricante dos aparelhos. Essa forma de utilização é indispensável quando se requer grandes precisões – maiores do que no método absoluto. Para tal, deve-se utilizar aparelhos de precisão *geodésica*. Estações fixas de rastreamento contínuo (*differential GPS – DGPS*) fornecem dados para os usuários realizarem essa correção. O governo dos Estado Unidos resolveu retirar, em 1º de maio de 2000, o ruído ou a interferência que propositalmente havia colocado nas transmissões dos satélites, a fim de dificultar a recepção dos sinais GPS. Assim, a menos que seja retomada essa condição, considera-se como ruído somente a atuação da atmosfera terrestre.

A Fig. 3.5 apresenta o caminhamento realizado entre o ponto $A$ ($\varphi_A$, $\lambda_A$) e o ponto $G$ ($\varphi_G$, $\lambda_G$), contendo outros tantos caminhamentos levantados com o uso de um GPS móvel em relação ao GPS fixo localizado em um ponto de coordenadas conhecidas, $H$ ($\varphi_H$, $\lambda_H$).

## Classificação dos receptores GPS

Pode-se classificar os receptores GPS em quatro categorias principais, em função de sua precisão, de acordo com as características apresentadas pelos fabricantes. O Quadro 3.1 procura apresentar as principais características inerentes a cada tipo de tais receptores.

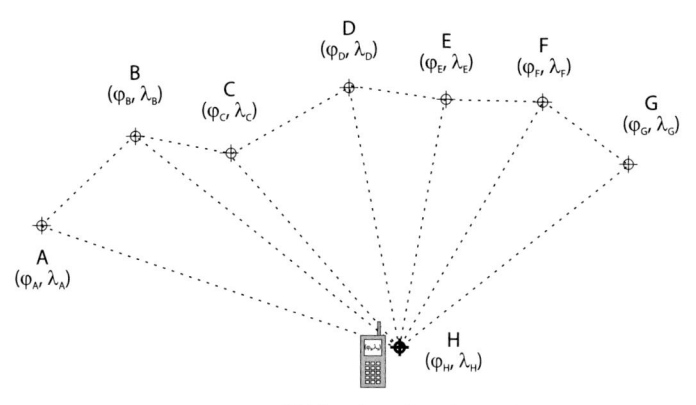

**3 Bases Cartográficas**

**Fig. 3.5** *Caminhamento realizado com receptor GPS desde o ponto A ($\varphi_A$, $\lambda_A$) até o ponto G ($\varphi_G$, $\lambda_G$), com correção diferencial em relação ao ponto H ($\varphi_H$, $\lambda_H$)*

**Quadro 3.1** Características de receptores GPS

| Tipo | Características principais | Precisão planimétrica |
|---|---|---|
| Navegação | Método absoluto de busca | Maior do que 10 m |
| Métrico | Método relativo de busca | Entre 1 m e 10 m |
| Submétrico | Método relativo de busca | Entre 0,1 m e 1,0 m |
| Geodésico | Método relativo de busca | Entre 0,1 m e 0,001 m |

## 3.4 Construção de Mapas Temáticos

Além da utilização de mapas diversos para a condução dos trabalhos com o uso de SIGs, outros mapas podem ser obtidos como produtos derivados desses sistemas. Esses mapas geralmente se vinculam a um tema específico, sendo, em decorrência, denominados de mapas temáticos.

A utilização do geoprocessamento propicia facilidades quanto à confecção de mapas, o que pode vir a gerar tanto bons produtos quanto quadros desastrosos. Nesse sentido, torna-se importante lembrar que a produção de mapas é regida por lei, cuja fiscalização, no Brasil, é exercida pelos Conselhos Regionais de Engenharia, Arquitetura e Agronomia (CREAs). A responsabilidade técnica por sua execução remete, portanto, a profissionais devidamente habilitados para tal.

A geração de mapas temáticos necessita de outros mapas como base. O objetivo básico dos mapas temáticos é o de fornecer uma representação dos fenômenos existentes sobre a superfície terrestre fazendo uso de uma simbologia específica. Com certos cuidados, pode-se afirmar que qualquer mapa que apresente outra informação, distinta da mera representação da porção analisada, pode ser enquadrado como temático.

Um mapa temático, assim como qualquer outro tipo de mapa, deve possuir alguns elementos de fundamental importância para o fácil entendimento do usuário em geral, além de fornecer subsídios para o uso profissional.

### 3.4.1 Elementos constituintes de um mapa temático

Entre os variados elementos passíveis de estarem presentes em um mapa temático, merecem destaque:
- o título do mapa: realçado, preciso e conciso;
- as convenções utilizadas;
- a base de origem (mapa-base, dados etc.);
- as referências (autoria, responsabilidade técnica, data de confecção, fontes etc.);
- a indicação da direção norte;
- a escala;
- o sistema de projeção utilizado;
- o(s) sistema(s) de coordenadas utilizado(s).

Deve-se destacar que, em se tratando de mapas digitais, todas as informações listadas tornam-se praticamente indispensáveis, pois sua omissão impedirá trabalhos com a utilização das técnicas do geoprocessamento.

Os mapas temáticos gerados a partir do uso das técnicas de geoprocessamento devem apresentar determinadas características básicas para que possam ser facilmente entendidos por qualquer usuário, profissional ou leigo. Nesse sentido, deve-se lembrar que as cartas são *representações do terreno* elaboradas com a finalidade de apresentar as características do terreno o mais fielmente possível.

Para que um mapa possa traduzir exatamente o que se deseja, é imprescindível o uso preciso de determinadas variáveis visuais. Uma delas relaciona-se ao tamanho do elemento a ser representado, do qual é imprescindível sempre manter uma proporção adequada à escala do mapa e também ao tamanho final do produto a ser impresso.

Outra característica diz respeito às *tonalidades, hachuras* – métodos de representação que utilizam traços cruzados ou paralelos de igual espaçamento para dar ideia de densidade ou para a representação da estrutura de um relevo – ou aos *coloridos* utilizados, que, para uma boa representação, devem ser de fácil e imediata compressão. A execução de um mapa com informações quantitativas deve possuir tons diferenciados, do mais claro (ou hachuras mais espaçadas), para valores menores, até tons mais escuros (ou hachuramento mais denso), para valores maiores. Um mapa hipsométrico, por exemplo, representa o relevo por meio da utilização de cores para as diferentes altitudes; em geral, as áreas baixas são representadas por tons de verde passando para amarelo; as médias altitudes, por tons amarelados até avermelhados; e as maiores altitudes, por tons de vermelho até marrom. Muitas vezes, acrescenta-se, em tons de cinza-claro, uma área correspondente à linha de neve presente em grandes altitudes.

Assim, em um mapa hipsométrico, utilizam-se duas ou três cores básicas e variações tonais intermediárias entre elas (*dégradé*), a fim de representar melhor as diferenças de altitude. Já em mapas políticos, por exemplo, as divisões administrativas deverão apresentar cores bem distintas umas das outras, a fim de facilitar a localização das fronteiras. Tais cuidados são necessários na medida em que, em meio digital, cada cor apresentada no mapa está associada a um valor numérico, o qual, por sua vez, pode estar relacionado a um banco de dados específico.

A *forma do símbolo* utilizado é outra característica fundamental para uma informação precisa e objetiva. As informações existentes na realidade da superfície devem ser, como já foi dito, de fácil compreensão. Os símbolos utilizados também poderão estar vinculados a um banco de dados e poderão apresentar:

⊕ *Forma linear*: utilizada para informações que, ao serem transportadas para um mapa, requerem um traçado

característico, sob a forma de linha contínua ou não. Exemplos: estradas, rios etc.;
- *Forma pontual*: utilizada para as informações cuja representação pode ser traduzida por pontos ou figuras geométricas. Exemplos: cidades, casas, indústrias etc;
- *Forma zonal*: usada para representar as informações que ocupam uma determinada extensão sobre a área a ser trabalhada. Essa representação é feita com a utilização de polígonos. Exemplos: vegetação, solos, clima, geologia etc.

### 3.4.2 Sistemas de projeção

As características apresentadas indicam a existência de alguns cuidados especiais na realização de trabalhos em meio digital. Os diversos *softwares* de SIG existentes no mercado apresentam características que devem ser bem compreendidas pelo usuário. Uma delas diz respeito aos sistemas de projeção disponibilizados.

A forma própria da Terra conduz a algumas adaptações para sua representação. Nesse sentido, como já visto, em razão dessas dificuldades, escolheu-se uma figura o mais próximo possível da própria superfície terrestre e que pudesse ser matematicamente trabalhada, o *elipsoide de revolução*.

Assim, os pontos constantes na superfície terrestre são transportados para o elipsoide, e deste para um mapa, por meio de um sistema de "Projeções Cartográficas". As projeções cartográficas, apoiadas em funções matemáticas definidas, realizam esse transporte de pontos utilizando diferentes figuras geométricas como superfícies de projeção. Pode-se estabelecer um sistema de funções contínuas $f$, $g$, $h$ e $i$ que buscam relacionar as variáveis $x$ e $y$, as coordenadas da superfície plana, com a latitude $\varphi$ e a longitude $\lambda$, as coordenadas do elipsoide. Resumindo, tem-se:

$$x = f(\varphi, \lambda)$$
$$y = g(\varphi, \lambda)$$
$$\varphi = h(x, y)$$
$$\lambda = i(x, y)$$

## 3 Bases Cartográficas

As funções apresentadas levam a infinitas soluções, sobre as quais um sistema de quadrículas busca localizar todos os pontos a serem representados. Apesar do mecanismo ser aparentemente simples, o transporte de pontos da realidade para esse mapa-plano acaba por transferir uma série de incorreções, gerando deformações que podem ser mais ou menos controladas. Esse controle pode ser percebido pelos princípios de *conformidade* (quando a projeção mantém a verdadeira forma das áreas a serem representadas, não deformando os ângulos existentes no mapa); *equidistância* (quando a projeção apresenta constância entre as distâncias representadas, isto é, quando não apresenta deformações lineares); e *equivalência* (quando a projeção possui a propriedade de manter constantes as dimensões relativas das áreas representadas, isto é, não as deforma).

Entre as diversas maneiras de classificar as projeções cartográficas, merece ser destacada a classificação quanto ao tipo de superfície de projeção. Nessa forma, temos as seguintes projeções (Fig. 3.6):
- *planas*: quando a superfície de projeção é um plano;
- *cônicas*: quando a superfície de projeção é um cone;
- *cilíndricas*: quando a superfície de projeção é um cilindro; e
- *poliédricas*: quando se utilizam vários planos de projeção que, reunidos, formam um poliedro.

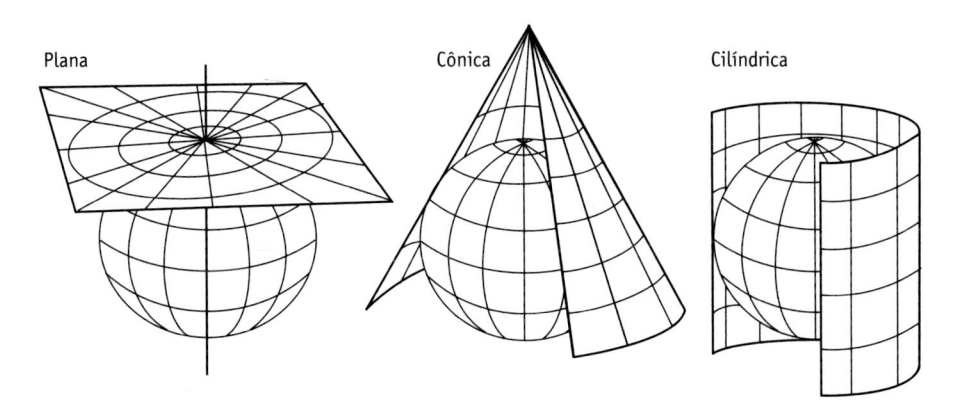

**Fig. 3.6** *Classificação das projeções de acordo com o tipo de superfície de projeção*

## 3.5 Uso de Escalas

Entre os diversos componentes de um mapa, um dos elementos fundamentais, para o seu bom entendimento e uso eficaz, é a *escala*.

Pode-se definir *escala* como a relação ou a proporção existente entre as distâncias lineares representadas em um mapa e aquelas existentes no terreno, ou seja, na superfície real. Assim, as distâncias entre quaisquer pontos podem ser facilmente calculadas por meio de uma simples regra de três, a qual pode ser montada como segue:

$$D = N \cdot d \qquad (3.1)$$

em que:
$D$ – distância real no terreno
$N$ – denominador da escala (Escala = 1/N)
$d$ – distância medida no mapa

Em geral, as escalas são apresentadas em mapas nas formas numérica, gráfica ou nominal.

A *Escala Numérica* é representada por uma fração na qual o numerador é sempre a unidade, designando a distância medida no mapa, e o denominador representa a distância correspondente no terreno. Essa forma de representação é a maneira mais utilizada em mapas impressos. Exemplos:
    1:50.000
    1/50.000

Em ambos os casos, a leitura é feita da seguinte forma: *a escala é de um para cinquenta mil*, ou seja, cada unidade medida no mapa corresponde a cinquenta mil unidades na realidade. Assim, por exemplo, cada centímetro representado no mapa corresponderá, no terreno, a cinquenta mil centímetros, ou seja, quinhentos metros.

A *Escala Gráfica* é representada por uma linha ou barra (régua) graduada, contendo subdivisões denominadas *talões*. Cada talão apresenta a relação de seu comprimento com o valor correspondente no terreno, indicado sob forma numérica, na sua parte inferior. O talão deve ser expresso, preferencialmente, por um valor inteiro. Normalmente utilizada em mapas digitais, a escala gráfica consta de duas porções: a *principal*, desenhada do zero para a direita, e a *fracionária*, do zero para a esquerda, que corresponde ao talão da fração principal subdividido em dez partes. Exemplo:

| 1.000 | 0 | 1.000 | 2.000 | 3.000 | 4.000 m |

No trabalho com SIGs, o uso da escala gráfica é preferível em razão de sua funcionalidade para impressão. Nesse sentido, tem-se que, na medida em que a escala acompanha possíveis distorções de ajustes de plotagem, as preocupações quanto à impressão tornam-se reduzidas.

A *Escala Nominal* ou *Equivalente* é apresentada nominalmente, por extenso, por uma igualdade entre o valor representado no mapa e sua correspondência no terreno. Exemplos:
 1 cm = 10 km
 1 cm = 50 m

Nesses casos, a leitura será: *um centímetro* corresponde a *dez quilômetros*, e *um centímetro* corresponde a *cinquenta metros*, respectivamente.

### 3.5.1 Escolha da escala

Para qualquer trabalho em que se for utilizar um mapa, a primeira preocupação deve se concentrar na escala a ser adotada. A escolha desta deve seguir dois preceitos básicos, que dizem respeito:
- ao fim a que se destina o produto obtido, ou seja, à necessidade ou não de precisão e detalhamentos do trabalho efetuado; e
- à disponibilidade de recursos para impressão, ou seja, basicamente com relação ao tamanho do papel a ser impresso. A Tab. 3.1 apresenta alguns tamanhos de papel utilizados para impressão.

No caso de mapas armazenados em arquivos digitais, essa situação tende a ser relegada a um segundo plano, pois, em princípio, a escala pode ser facilmente transformada para quaisquer valores. Entretanto, isso pode vir a gerar uma série de problemas. Deve-se ter muito cuidado ao lidar com esse tipo de estrutura, pois o *que realmente condiz com a realidade é a origem das informações geradas*. Assim, um mapa criado em meio digital, originalmente concebido na escala 1:50.000, nunca terá uma precisão maior do que a permitida para essa escala.

**Tab. 3.1** Tamanhos de papel

| Tipo de papel | **Tamanho** (polegadas – ver Quadro 3.2) | **Tamanho** (milímetros) |
|---|---|---|
| Carta | 8,5" x 11,0" | 215,9 mm x 279,4 mm |
| Ofício | 8,5" x 14,0" | 215,9 mm x 355,6 mm |
| Tabloide | 11,0" x 17,0" | 279,4 mm x 431,8 mm |
| A0 | 33,11" x 46,811" | 841,0 mm x 1189,0 mm |
| A1 | 23,386" x 33,11" | 594,0 mm x 841,0 mm |
| A2 | 16,535" x 23,386" | 420,0 mm x 594,0 mm |
| A3 | 11,693" x 16,536" | 297,0 mm x 420,0 mm |
| A4 | 8,268" x 11,693" | 210,0 mm x 297,0 mm |
| A5 | 5,827" x 8,268" | 148,0 mm x 210,0 mm |
| A6 | 4,134" x 5,827" | 105,0 mm x 148,0 mm |
| B1 (ISO) | 27,835" x 39,37" | 707,0 mm x 1.000,0 mm |
| B4 (ISO) | 9,843" x 13,898" | 250,0 mm x 353,0 mm |
| B5 (ISO) | 6,929" x 9,843" | 176,0 mm x 250,0 mm |

Um problema importante a ser considerado no momento da escolha da escala diz respeito às possibilidades de existência de erros nos mapas comumente utilizados. Esses erros estão relacionadas às formas de confecção e à qualidade do material impresso. Além da incerteza advinda da origem das informações, da qualidade da mão de obra e dos equipamentos que geraram o produto final, existe a possibilidade de deformação da folha impressa.

Entre as várias ocorrências possíveis, uma que deve ser respeitada é o *erro gráfico*. Esse tipo de erro, que pode ser definido como o aparente deslocamento existente entre a posição real teórica de um objeto e sua posição no mapa final, é potencialmente desenvolvido durante a confecção do desenho. O erro gráfico não deve ser inferior a 0,1 mm, independentemente do valor da escala. Entretanto, em certos casos, é aceitável um valor compreendido entre 0,1 mm e 0,3 mm.

## 3 Bases Cartográficas

Assim, pode-se trabalhar a questão do erro gráfico da seguinte forma:

$$\varepsilon = e \cdot N \qquad (3.2)$$

em que:
$\varepsilon$ – erro gráfico, em metros
$e$ – erro correspondente no terreno, em metros
$N$ – denominador da escala (E = 1/N)

O erro gráfico reduz sua intensidade com o aumento da escala. Dessa forma, quando se faz uma linha de 0,5 mm (o diâmetro do grafite de uma lapiseira comum) em um mapa numa escala 1:50.000 (na qual um milímetro corresponde a cinquenta metros), a escala já é possuidora de um possível erro de 0,5 mm no mapa. O possível erro cometido corresponderá na realidade, ou seja, no terreno, a 25 m.

Em uma escala de 1:100.000, para esse mesmo traçado, o erro ficaria em 50 m. Já para um traço de 0,25 mm, quando o olho humano quase já não consegue mais distinguir diferentes feições, o erro cometido em uma escala de 1:50.000 seria de 12,5 m, e em uma escala de 1:100.000, de 25 m.

As colocações anteriores tornam-se importantíssimas quando se trabalha em meio digital com espessuras de traços predefinidas. Não se pode, portanto, negligenciar tais apontamentos, uma vez que tais erros são cumulativos e podem ser motivo de sérios problemas em projetos e modelagens.

> **Exercício resolvido**
> Deseja-se realizar o mapeamento de uma área com precisão gráfica de 0,1 mm, cujo detalhamento exige que sejam distinguidas feições de mais de 2,5 m de extensão. Que escala deverá ser utilizada?

Da expressão $\varepsilon = e \cdot N$, tem-se que:
$$N = \varepsilon / e$$
Então:
$$N = \varepsilon / e = 2{,}5 \text{ m} / 0{,}0001 \text{ m} = 25.000$$

Assim:

$$E = 1{:}25.000$$

Observa-se que essa seria a escala mínima para que se possa perceber os detalhes requeridos (feições de mais de 2,5 m, com precisão gráfica de 0,1 mm).

### 3.5.2 Conversão de unidades

Uma ocorrência bastante frequente é o uso de unidades de medidas fora do Sistema Internacional (SI). Um exemplo dessa situação diz respeito à digitalização de cartas e imagens. A resolução de uma imagem digital é dada pelo seu número de *pixels* (*picture elements*), ou seja, cada ponto que forma a imagem, e pela sua densidade, medida em *dpi* (*dots per inch*), isto é, pontos por polegada (ver Cap. 4).

Outras conversões de unidades são, em geral, pouco empregadas, salvo quando se utiliza material de origem anglo-saxônica. Nesse sentido, apresenta-se o Quadro 3.2, que contém algumas equivalências entre unidades de comprimento e área mais frequentemente utilizadas.

**Quadro 3.2** Conversão de unidades de medidas

| Unidade de medida | Equivalência 1 | Equivalência 2 |
|---|---|---|
| Polegada (*inch/inches* – in ou ") | 1 in | 25,4 mm |
| Pé (*foot/feet* – ft ou ') | 12 in | 304,8 mm |
| Jarda (*yard* – yd) | 3 ft | 914,4 mm |
| Braça (*fathom* – fm) | 2 yd | 1.828,8 mm |
| Milha terrestre (*statue mile* – m) | 1.760 yd | 1.609,3 km |
| Hectare | 1 ha | 10.000 m$^2$ |
| Hectare | 1 ha | 2,47 acres |

# 4
# Base de dados georreferenciados

A utilização de um SIG pressupõe a existência de um banco de dados georreferenciados, ou seja, de dados portadores de registros referenciados a um sistema de coordenadas conhecido. A manipulação desses dados dá-se por meio de um Sistema Gerenciador de Banco de Dados (SGBD).

O SGBD deve ser estruturado de tal forma que os dados possam relacionar-se entre si. Para isso, são utilizados códigos identificadores que vinculam os registros dentro do sistema. No caso do SGBD de um SIG, é preciso que os dados ditos tradicionais (alfanuméricos) possam ser vinculados a dados espaciais, ou seja, a arquivos digitais gráficos.

## 4.1 Estrutura de Dados

Em termos gerais, dentro do SGBD de um SIG, concebe-se a existência de dois tipos de dados: os dados espaciais e os dados alfanuméricos. Tal característica torna complexa a estruturação desses tipos de SGBD.

### 4.1.1 Dados espaciais

Os dados espaciais são considerados aqueles que podem ser representados espacialmente, ou seja, de forma gráfica. Estes constituem-se em imagens, mapas temáticos ou planos de informações (PIs). A estrutura de tais tipos de dados pode ser vetorial ou matricial.

#### Dados em estrutura vetorial

A *estrutura vetorial* (*vector structure*) é composta por três primitivas gráficas (pontos, linhas e polígonos) e utiliza um sistema de coordenadas para a sua representação. Os pontos são representados por apenas um par de coordenadas, ao passo que linhas e polígonos são representados por um conjunto de pares de coordenadas.

De acordo com a escala utilizada, as entidades podem receber diferentes caracterizações. Uma cidade, por exemplo, numa escala pequena (1:1.000.000) pode ser representada somente por um ponto. Já em uma escala média (1:250.000), pode ser representada por um polígono indicando sua configuração espacial. Finalmente, em uma escala muito grande (1:10.000), pode ser representada por um conjunto de pontos (paradas ou pontos de ônibus, telefones públicos, hidrantes etc.), linhas (caminhos, ruas, avenidas, linhas de transmissão de energia etc.) e polígonos (quadras, praças, parques etc.).

Cada um desses elementos gráficos pode apresentar, ainda, uma estrutura associada, relacionando cada entidade a um atributo digital ou mesmo a um banco de dados alfanuméricos. Curvas de nível contendo a sua altitude, polígonos demarcando manchas de solo, ou relacionando o tipo de solo, vinculado a uma propriedade, o loteamento de uma área urbana contendo a delimitação de cada terreno e as edificações vinculadas, são alguns exemplos desse tipo de estrutura.

Outras classes de elementos vetoriais muitas vezes trabalhadas como uma categoria diferenciada são as *Trianguled Irregular Networks* (TINs), ou seja, Redes de Triângulos Irregulares. Esses elementos são composições de polígonos (vetores, portanto) dispostos para a formação de redes tridimensionais.

### Dados em estrutura matricial

Os dados espaciais também podem ser armazenados em uma *estrutura matricial*, ou *em grade (raster structure)*. Essa estrutura de dados é representada por uma matriz com $n$ linhas e $m$ colunas, $M(n, m)$, na qual cada célula, denominada de *pixel* (contração de *picture element*, ou seja, elemento da imagem), apresenta um valor $z$ que pode indicar, por exemplo, uma cor ou tom de cinza a ele atribuído. Produtos advindos do sensoriamento remoto, como

4 BASE DE DADOS GEORREFERENCIADOS

imagens de satélites e fotografias aéreas digitais, além de mapas digitalizados, utilizam essa forma de armazenamento.

Em uma imagem digital georreferenciada, cada *pixel* apresenta um par de coordenadas planas e/ou geográficas e um valor *z* associado. Uma comparação entre os dois tipos de estruturas de dados espaciais pode ser observada na Fig. 4.1 e no Quadro 4.1.

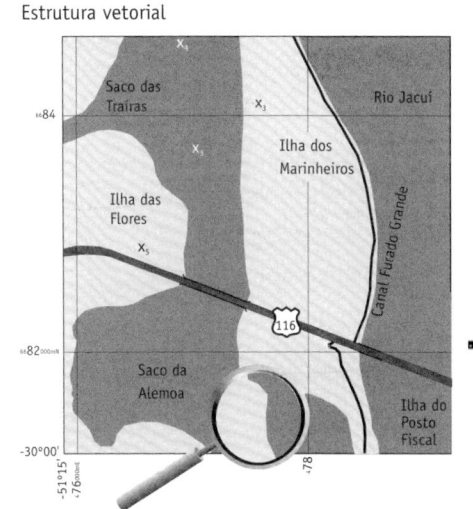

**Fig. 4.1** *Estruturas de dados vetorial e* raster

**Quadro 4.1** Estruturas de dados *raster* e vetorial

| *Raster* | Vetorial |
|---|---|
| Traduzem imagens digitais matriciais geradas por sensoriamento remoto e processos de escanerização. | Traduzem imagens vetorizadas, compostas de pontos, linhas e polígonos. |
| Execução de operações entre camadas ou *layers* de mesma área e atributos distintos é extremamente fácil e rápida. | Execução de operações entre camadas ou *layers* de mesma área e atributos distintos é bastante complexa e demorada. |
| Vínculo com atributos alfanuméricos é dificultado (*pixel* a *pixel*). | Vínculo com atributos alfanuméricos torna-se facilitado, já que se dá através do ponto, linha ou polígono registrado. |
| Resolução digital está vinculada diretamente à quantidade de *pixels* da imagem, podendo requerer processadores de grande capacidade e velocidade. | Resolução digital do mapa é limitada pela quantidade de vetores dispostos e de sua impressão, proporcionando grande detalhamento. |
| Fronteiras das imagens são descontínuas (efeito serrilhado). | Fronteiras das imagens são contínuas (feições regulares). |
| Cálculos de distâncias, áreas etc. vinculam-se ao desempenho do *hardware*. | Cálculos de distâncias, áreas etc. são, em geral, simplificados, tornando o processamento mais rápido. |

### 4.1.2 Dados alfanuméricos

Os dados alfanuméricos são dados constituídos por caracteres (letras, números ou sinais gráficos) que podem ser armazenados em tabelas, as quais podem formar um banco de dados.

Em um SIG, os dados dispostos nas tabelas devem possuir atributos que possam vinculá-los à estrutura espacial do sistema, identificados pelas suas coordenadas, e atributos específicos, com sua descrição qualitativa ou quantitativa. Esses dados possuem, portanto, informações a respeito dos mapas a eles vinculados, via seu "endereço".

Tais tipos de dados podem estar vinculados a ambas as estruturas espaciais. Em geral, é preferível o uso de estrutura vetorial para a conexão desses dados. Topônimos, dados de área, população, indicadores socioeconômicos etc. são alguns exemplos de dados alfanuméricos que podem ser vinculados a mapas em um SIG.

## 4.2 Introdução de Dados em um SIG

Em um SIG, a introdução de dados se dá pela aquisição de produtos de SR, confecção de planilhas de dados, do uso de sistemas de posicionamento por satélite e dos processos de digitalização e vetorização.

### 4.2.1 Processo de digitalização

No processo de digitalização, também conhecido como processo de "escanerização", um produto como um mapa, uma foto ou uma imagem é introduzido no computador com o uso de um *scanner*. Esse periférico fotocopia digitalmente o material por um procedimento de varredura ou "rasterização". Os *scanners* mais comuns podem ser de mesa (em geral no formato A4) ou de rolo (formato A0).

O procedimento mais tradicional para a digitalização de uma imagem segue os seguintes passos:

- escolher a resolução digital da imagem a ser gerada. Essa opção diz respeito à quantidade de *pixels* ou pontos por polegada (*dpi*) desejada pelo usuário. Em geral, recomenda-se digitalizar

uma imagem com, no mínimo, 300 dpi. Consagrou-se, mesmo em meio digital, o termo dpi (*dots per inch*), utilizado primeiramente para impressão, em detrimento de ppi (*pixels per inch*);
- escolher a quantidade de cores a ser trabalhada (resolução radiométrica). Geralmente se deve trabalhar com, no mínimo, 256 cores (arquivo de oito *bits*). *Bit* refere-se a dígito binário – do inglês *binary digit* –, e cada oito *bits* equivalem a um *byte;*
- abrir o programa a ser utilizado para o processo de digitalização;
- seguir os passos determinados pelo programa;
- preceder aos ajustes (brilho, contraste, tamanho da área etc.) na imagem digitalizada; e
- salvar a imagem em formato adequado.

O produto gerado estará no formato matricial ou *raster*. Em geral, utilizam-se formatos de arquivos comerciais para o procedimento acima descrito, sendo os mais comuns os formatos *bmp, tiff, jpeg* e *gif*. A escolha do formato de saída dependerá das características do arquivo resultante, conforme a necessidade do usuário.

É importante ser destacado que um arquivo no formato vetorial poderá ser convertido em formato *raster*, de forma automática, por meio de um procedimento específico existente nos *softwares*. O processo inverso – vetorização – é bem mais problemático.

### Escolha da escala da imagem

A imagem digital resultante do processo de digitalização deve manter as características do mapa ou imagem original. Para isso, deve-se levar em consideração a escala original do material. Nesse sentido, faz-se importante a introdução do conceito da GSD – *Ground Sample Distance*, que pode ser traduzido como *Distância Correspondente do Terreno*, a qual refere-se ao tamanho real (no terreno) de um determinado *pixel* com relação à resolução de uma imagem e à sua escala.

A GSD é dada pela fórmula:

$$GSD = N/R \qquad (4.1)$$

em que:
*GSD* – Distância Correspondente do Terreno
*N* – Denominador da escala
*R* – Resolução da imagem, em dpi

Como se pode perceber, a unidade da GSD será em polegadas. Assim sendo, o resultado obtido deverá ser convertido para unidades métricas, em que cada polegada equivale a 2,54 cm.

### Exercícios resolvidos

1. Sabendo-se que uma carta, cuja escala original era de 1:25.000, foi digitalizada com resolução de 200 dpi, pergunta-se: qual o tamanho de cada pixel, em metros?

$$GSD = N/R$$

GSD = 25.000/200 = 125 polegadas

GSD em unidades métricas:
GSD = 125" × 2,54 cm = 317,5 cm = 3,175 m

Assim, cada *pixel* terá 3,175 m.

2. Dispondo-se de uma imagem digitalizada com resolução horizontal/vertical de 300 dpi, pede-se a sua escala original, sabendo-se que cada pixel possui aproximadamente 20 m × 20 m.

$$GSD = N/R$$

1" = 2,54 cm → 20 m = 787,4"
787,4" = N/300 → N = 787,4" × 300
N = 236.220,5

Assim, a escala original da imagem será de 1: 236.220.

### *Formato de arquivos matriciais*

Um cuidado fundamental durante os procedimentos de digitalização de produtos está ligado ao formato do arquivo a ser gerado. Tal condição vincula-se ao fato de que nem todos os *softwares* trabalham com certos tipos de arquivos. Além

## 4 Base de Dados Georreferenciados

disso, deve-se ter em mente a capacidade de armazenamento do equipamento a ser utilizado, pois certos formatos demandarão muita memória. Para que o leitor possa compreender melhor tal estruturação, a fim de decidir quanto à utilização de um ou outro tipo de arquivo, serão listados alguns dos formatos mais comumente utilizados e suas características principais.

### Formato BMP

O formato BMP (*bitmap* ou mapa de *bits*) é o formato "nativo" da plataforma Windows da Microsoft. Esse tipo de formato não faz uso de recursos de compressão de imagem, o que torna o arquivo gerado um tanto "pesado", ou seja, ocupando muito espaço na memória do computador. Essa característica, no entanto, possui a vantagem de apresentar uma imagem com excelente qualidade gráfica, isto é, com grande definição e pequeno efeito serrilhado.

Outra vantagem desse formato é o fato de que os arquivos gerados em BMP podem ser manipulados pela maior parte dos SIGs disponíveis no mercado.

### Formato TIFF

No uso de SIGs, na maioria das vezes, deve-se utilizar imagens de qualidade, com máxima resolução possível. Como colocado anteriormente, os arquivos BMP possuem como característica principal uma excelente resolução digital, porém acabam por ocupar muita memória no computador. Quando não se especificar, o termo "resolução" pode definir quaisquer dos tipos apresentados.

Para superar tal dificuldade, outros formatos foram sendo criados. Um dos formatos bastante utilizados em geoprocessamento é o *Tagged Image File Format* (TIFF). Esse formato comprime a imagem sem perda de qualidade, fazendo com que o tamanho de um arquivo com extensão .*tif* seja bem menor do que o de um arquivo BMP. Assim como ocorre com os *bitmaps*, a maior parte dos *softwares* de geoprocessamento (o mesmo vale para *softwares* gráficos tradicionais) trabalha com arquivos TIFF (importação e exportação).

### Formato JPEG

Outro formato utilizado para digitalização de imagens e/ou importação de imagens em ambiente SIG é o *Joint Photographic Expert Group* (JPEG).

Esse formato também faz uso de compressão de dados, mas, diferentemente do padrão TIFF, ocorre perda de qualidade na imagem gerada, pois há remoção de pontos da imagem original. Em termos gerais, o JPEG, que utiliza a extensão *.jpg*, faz uso de um algoritmo de compactação baseado na capacidade de visão do olho humano, retirando da imagem detalhes imperceptíveis à nossa vista. O processo de compressão produz imagens bastante realistas, dentro de nossa capacidade visual, tornando os arquivos bastante leves.

Salienta-se, entretanto, que a taxa de compactação do arquivo é proporcional à sua qualidade: um arquivo que sofreu muita compressão, apesar de ocupar pouco espaço na memória do computador, terá qualidade bastante reduzida. Outra desvantagem desse formato relaciona-se ao fato de que a cada salvamento realizado, tem-se perda de qualidade na imagem.

Essas características salientam as principais deficiências do formato JPEG para uso em SIGs, pois o trabalho com imagens de satélite, por exemplo, amplia em muito essas dimensões. É aconselhável, portanto, o uso de outros formatos na realização de trabalhos intermediários. O formato JPEG pode ser utilizado em produtos finais, como para impressões, por exemplo.

### Formato GIF

O formato *Graphics Interchange Format* (GIF) utiliza uma forma de compactação que não altera a qualidade da imagem a cada salvamento, como ocorre com o JPEG. Entretanto, as imagens *.gif* utilizam uma paleta de 256 cores, o que faz com que esse padrão trabalhe com arquivos bastante leves, mas de qualidade limitada. Em termos de SIGs, esses arquivos têm sido utilizados para agregação de tais sistemas à Internet, em virtude de sua leve estrutura.

### 4 Base de Dados Georreferenciados

*Formato PNG*

O formato *Portable Network Graphics* (PNG) trabalha com uma forma de compactação bastante eficiente, que reduz substancialmente os arquivos gerados, mantendo sua qualidade. Assim, consegue-se utilizar mais de 16 milhões de cores – equivalentes a 24 *bits*, portanto, com alta definição –, sem ocupar muito espaço em termos de memória (se comparado com o formato BMP, por exemplo). Os arquivos gerados possuem extensão .*png*. Alguns SIGs já estão trabalhando com esse formato, bastante utilizado em imagens disponibilizadas na *web*.

*Tamanho dos arquivos matriciais*

Conforme já comentado, o tamanho dos arquivos gerados pelo processo de digitalização está diretamente vinculado aos atributos digitais da imagem.

Como se sabe, uma imagem *raster* é caracterizada por uma matriz composta de linhas e colunas. A quantidade de pontos ou *pixels* e de cores que a compõem, bem como a sua taxa de compressão, se for o caso, definirão o tamanho do arquivo.

*Quantidade de pixels*

A quantidade de *pixels* que define uma imagem é dada pela altura, com base no número de linhas, e pela largura, com base no número de colunas.

Essa característica está vinculada à quantidade de pontos (*pixels*) por polegada (*dpi*). A resolução digital (R) de uma imagem é dada por:

$$R = p/d \quad \text{e} \quad p = R \cdot d \qquad (4.2 \text{ E } 4.3)$$

em que:
$R$ – resolução digital (horizontal ou vertical) em dpi;
$p$ – número de *pixels* da largura (colunas da matriz) ou altura (linhas da matriz) da imagem;
$d$ – largura (ou altura) de impressão da imagem, em polegadas.

Em geral, para a digitalização de uma carta, é estabelecido um padrão de resolução digital.

### Exercício resolvido

Em um processo de digitalização com o uso de um *scanner*, utilizando-se uma resolução digital de 300 × 300 dpi em uma porção de carta digitalizada com 5,93 cm x 6,73 cm, ou seja, 2,333" × 2,65", deseja-se saber: qual será a quantidade de *pixels* da largura e da altura da imagem gerada?

Com base na equação apresentada, tem-se que:
$R$ = 300 dpi;
$d_l$ = 2,333"
$d_a$ = 2,65"

Então, como $p = R \cdot d$, teremos:
$p_l = R \cdot d_l$ = 300 dpi × 2,333" = 700 *pixels* de largura
$p_a = R \cdot d_a$ = 300 dpi × 2,65" = 795 *pixels* de altura

A imagem final ficará, portanto, com largura de 700 *pixels* e altura de 795 *pixels*.

### Quantidade de cores

Cada *pixel* de um arquivo *raster* possui certas informações armazenadas. Quando se trabalha com cores "reais", ou seja, mais de 16 milhões de cores, cada ponto ocupa três *bytes* (24 *bits*) na memória. No caso de se utilizar 256 cores, cada cor é armazenada em apenas um *byte* (oito *bits*) de memória.

É interessante ser lembrado que os *bits* são sempre expressos em potências de dois. Assim, um *bit* significa $2^1$ = 2 tons ou níveis de cinza ou cores (preto e branco, no caso); oito *bits*, $2^8$ = 256 níveis; 16 *bits*, $2^{16}$ = 65.536 níveis; 24 *bits*, $2^{24}$ = 16.777.216 níveis, e assim por diante.

O tamanho ocupado por uma imagem é proporcional, portanto, à quantidade de *bytes* de armazenamento, isto é, à quantidade de cores requerida e à quantidade de *pixels* (largura e altura) da imagem final. Para arquivos descompactados, o tamanho da imagem pode ser calculado da seguinte forma:

$$T = p_l \cdot p_a \cdot b \qquad (4.4)$$

em que:
T – tamanho da imagem, em *bytes*;
$p_l$ – número de *pixels* da largura da imagem (por coluna da matriz);
$p_a$ – número de *pixels* da altura da imagem (por linha da matriz);
b – quantidade de *bytes* de armazenamento.

### Exercício resolvido
Utilizando os dados do exercício anterior, pergunta-se: qual o tamanho da imagem gerada em arquivos com:
a) 256 cores (um *byte*)?
b) 16 milhões de cores (três *bytes*)?

Como $T = p_l \cdot p_a \cdot b$, tem-se:
a) T = 700 × 795 × 1 = 556.500 *bytes*
b) T = 700 × 795 × 3 = 1.669.500 *bytes*

Assim, a imagem anteriormente descrita possuirá 556.500 *bytes* em um arquivo com 256 cores, e 1.669.500 *bytes* em um arquivo com 16 milhões de cores. Salienta-se, mais uma vez, que esses valores estão vinculados a arquivos descompactados e são valores teóricos, podendo, portanto, diferir de arquivos "reais".

### *Impressão de arquivos*
Uma questão importante para o trabalho com arquivos digitais *raster* diz respeito à sua impressão. Isso se vincula, portanto, à resolução de saída necessária para uma boa qualidade visual. Em virtude da limitação do olho humano, que não distingue resoluções maiores do que 300 dpi, esse valor vem constituindo-se como um padrão para impressões de boa qualidade.

O tamanho para impressão de uma imagem (largura × altura) é definido pela quantidade de *pixels* das linhas e colunas da imagem e sua resolução digital em dpi. Assim, tem-se:

$$L = 2{,}54 \cdot p_l / R \quad \text{e} \quad H = 2{,}54 \cdot p_a / R \qquad (4.5 \text{ e } 4.6)$$

em que:
L – largura da imagem impressa, em cm;
H – altura da imagem impressa, em cm;
$p_l$ – número de *pixels* da largura da imagem (por coluna da matriz);
$p_a$ – número de *pixels* da altura da imagem (por linha da matriz);
R – resolução digital da imagem, em dpi.

### Exercícios resolvidos

1. Utilizando os dados dos exercícios anteriores, deseja-se saber o tamanho "ideal" para impressão do arquivo gerado.

Como $L = 2{,}54 \cdot p_l / R$, tem-se:
L = 2,54 · 700 / 300 = 5,93 cm

E, como $H = 2{,}54 \cdot p_a / R$, tem-se:
H = 2,54 . 795 / 300 = 6,73 cm

Assim, a imagem *raster* ocuparia um espaço de 5,93 cm de largura por 6,73 cm de altura.

2. Qual o tamanho do arquivo, em termos de quantidade de *pixels* dispostos nas linhas e colunas de uma imagem, impresso em 300 dpi, numa folha A4 (21,0 cm × 29,7 cm)?

Como $L = 2{,}54 \cdot p_l / R$, tem-se:
21,0 = 2,54 · $p_l$ / 300 → $p_l$ = 300 · 21,0 / 2,54

Assim, $p_l$ = 2.480 pixels

E, como $H = 2{,}54 \cdot p_a / R$, tem-se:
29,7 = 2,54 · $p_a$ / 300 → $p_a$ = 300 · 29,7 / 2,54

Assim, $p_a$ = 3.508 *pixels*

Dessa forma, o arquivo deveria possuir 2.480 *pixels* de largura por 3.508 *pixels* de altura, ou seja, cerca de 8,7 *megapixels*.

## 4 Base de Dados Georreferenciados

*Compactação de arquivos*
A preocupação com o tamanho dos arquivos digitais gráficos trouxe a necessidade de economizar espaço em disco. Para minimizar os efeitos relativos a imagens de alta resolução, foram criados programas compactadores. A compactação de arquivos permite, assim, a redução do tamanho ocupado pelo arquivo.

Os formatos TIFF, JPEG, GIF e PNG, anteriormente referidos, trabalham com arquivos compactados. A ideia de compressão de arquivos pode ser traduzida como a eliminação de repetições existentes dentro de um arquivo. Um arquivo comprimido pode ocupar um espaço dezenas de vezes menor do que o mesmo arquivo não compactado. Convém ressaltar, novamente, os cuidados que devem ser tomados com esses tipos de arquivo, visto que eles podem sofrer grande perda de qualidade no momento de sua compactação.

### 4.2.2 Processo de vetorização

Em termos gerais, o processo de vetorização diz respeito ao transporte dos elementos de uma imagem (carta, fotografia, imagem de satélite) realizado por meio de desenho com o auxílio de um *mouse*, digitalmente, no formato vetorial.

A vetorização pode ser manual, semiautomática ou automática. Os arquivos gerados normalmente possuem extensões próprias. No entanto, arquivos com as extensões *Windows Metafile Format* (WMF) e *Enhanced Metafile Format* (EMF), *Drawing Interchange Format* ou *Drawing Exchange Format* (DWG e DXF), *Shapefile* (SHP) e o formato para Internet *Drawing Web Format* (DWF) podem ser importados e exportados por um grande número de SIGs.

*Vetorização manual*
O processo de vetorização manual é realizado por um operador que desenha os detalhes desejados constantes no mapa (foto/imagem) original, em papel, ou na imagem digital rasterizada apresentada pela tela do computador, por meio do uso de um *mouse*. A Fig. 4.2 apresenta um fragmento de mapa no formato matricial. O início do procedimento de vetorização de algumas

de suas informações sobre a imagem original pode ser conferido pela Fig. 4.3. O resultado final do processo, contendo somente o arquivo vetorial, é apresentado pela Fig. 4.4.

A vetorização manual pode ser feita com o uso de uma mesa digitalizadora ou diretamente na tela do monitor do computador:

⊕ *Vetorização com uso de mesa digitalizadora.* Nesse processo, é utilizada uma mesa especialmente construída para fins de transferência de dados digitais, na forma de vetores para o computador. A mesa digitalizadora pode possuir vários formatos. Sobre ela é colocado, por exemplo, um mapa convencional (em papel), sendo realizada uma cópia das feições nele

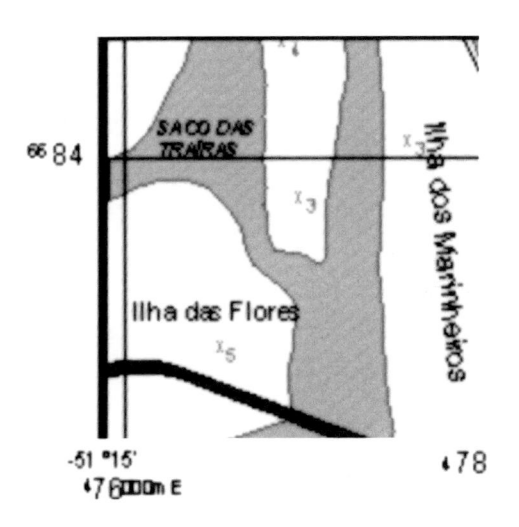

**Fig. 4.2** *Fragmento de mapa no formato matricial (raster)*

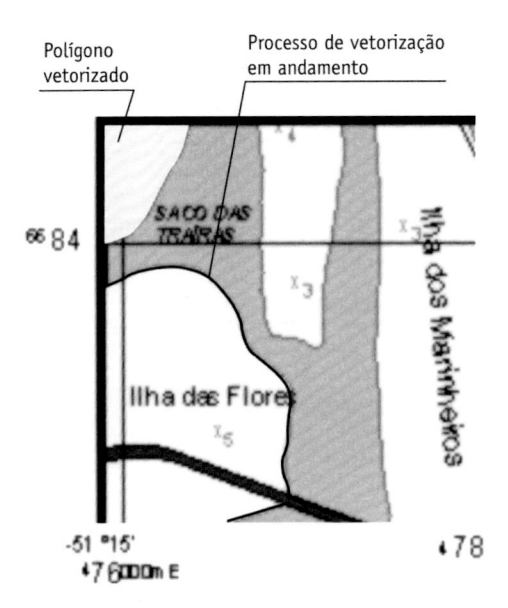

**Fig. 4.3** *Processo de vetorização em andamento*

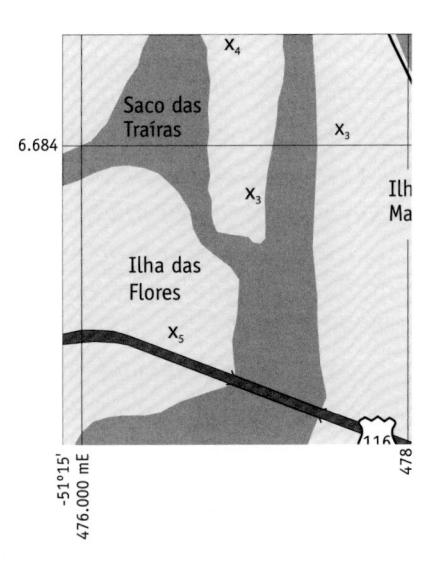

**Fig. 4.4** *Resultado do procedimento de vetorização*

apresentadas com o uso de um *mouse* que dispõe de uma mira, a qual indica o local do respectivo cursor na tela do computador. Esse processo de vetorização está quase em desuso, em razão da praticidade da vetorização em tela e dos custos de uma mesa digitalizadora.

- *Vetorização em tela.* Nesse caso, o processo é realizado diretamente na tela do computador. Para isso, faz-se necessária uma imagem previamente rasterizada, a qual será desenhada com o auxílio de um *mouse* comum, cujo cursor, que aparece na tela, serve de indicador para o caminho a ser percorrido pelo operador. A vetorização em tela tende a ser bem mais precisa do que a realizada em mesa digitalizadora, em virtude dos recursos de *zoom* que os programas oferecem. Essa precisão está também diretamente ligada à qualidade da imagem digital. A antiga desvantagem relacionada à necessidade de grande capacidade de armazenamento de imagens com boa definição nas máquinas tornou-se, hoje, pouco expressiva, por causa da evolução dos equipamentos.

É importante salientar que a quantidade de pontos, linhas e polígonos criados pelo processo de vetorização estará diretamente ligada à resolução digital do produto gerado e ao seu tamanho em termos de espaço na memória do computador. Assim, quanto mais complexo o arquivo, mais espaço em disco ele ocupará e mais capacidade de armazenamento e de processamento ele exigirá.

Os arquivos vetoriais gerados normalmente são armazenados em camadas (*layers*) distintas, para uma melhor organização dos dados. Nesse sentido, aconselha-se a organização das camadas com alguma base hierárquica, considerando-se que certos aspectos serão sobrepostos a outros.

### Vetorização automática

Nesse processo de vetorização, a transformação da imagem rasterizada em vetorial se dá de forma totalmente automática. Por esse procedimento, os *pixels* que representam determinadas feições na imagem original rasterizada são convertidos em pontos, linhas ou polígonos. Nessas condições, faz-se necessário um programa específico e uma posterior edição na imagem obtida. Conforme o leitor pode imaginar, esse tratamento final da imagem é um tanto demorado e oneroso, acabando por restringir a sua utilização.

### *Vetorização semiautomática*
O processo de vetorização semiautomática procura mesclar as facilidades da vetorização automática com a experiência – e competência – do operador.

Nessa forma de procedimento, o operador direciona as ações do computador, ou seja, o técnico é quem decide o caminho a ser percorrido pelo cursor quando ocorre uma intersecção de linhas – nó – durante a transformação dos *pixels* da imagem *raster* em vetores. Essa forma de vetorização também necessita de pós-edição; entretanto, bem menos penosa do que no caso da automática.

### 4.2.3 Dados alfanuméricos
A inserção de dados alfanuméricos é feita por meio das tabelas que podem ser importadas pelo sistema ou criadas diretamente nele. Os dados tabulares, constituídos por caracteres diversos e/ou textos mais ou menos longos, de acordo com a necessidade do usuário, devem estar georreferenciados, ou seja, vinculados a um sistema de coordenadas conhecido, como será visto a seguir. Assim, cada dado inserido no computador estará, de alguma maneira, ligado a um endereço específico. Esse vínculo pode ser estabelecido por um código-chave disponível em cada uma das planilhas que formam o BD.

A descrição das características (população total, renda *per capita*, indicadores sociais etc.) de uma determinada localidade em um mapa é um exemplo de dados dessa natureza. Esse local possui, portanto, no mínimo, um par de coordenadas que fará a vinculação de tais características ao(s) ponto(s) existente(s) no mapa digital.

### 4.2.4 Dados provindos de sistemas de posicionamento por satélite
Dados colhidos por sistemas de posicionamento por satélite podem ser introduzidos em um SIG por meio de programas

específicos ou mesmo via compilação "manual" em uma planilha de dados. Os sistemas em operação utilizados para esse fim – *Global Position System* (GPS), *Global Navigation Satellite System* (Glonass) e Galileo – são baseados no recebimento de dados em terra, via satélite, por receptores mais ou menos sofisticados.

Os dados obtidos por um sistema de posicionamento podem ser alfanuméricos (coordenadas de pontos, topônimos etc.) ou vetoriais (caminhamentos, pontos no terreno, localização de estações etc.). A precisão dependerá da qualidade da leitura realizada e do aparelho utilizado.

## 4.3 Georreferenciamento de Dados Espaciais

Conforme visto até aqui, a introdução de dados espaciais (arquivos *raster* ou vetoriais) pode ser realizada pela importação desses dados por programas que nem sempre possuem as ferramentas e a precisão exigida por um SIG. Para a inserção e o uso de tais arquivos em um sistema dessa natureza, faz-se necessário um ajuste desses arquivos. Sua vinculação ao SIG deve ocorrer por meio de um sistema de coordenadas conhecido. Esse procedimento é denominado georreferenciamento. Os dados do SGBD, possuidores de coordenadas relativas ao SIG, poderão, assim, ter correspondência com a imagem digital inserida. Para isso, de maneira geral, deve-se proceder de forma assemelhada a esta:

- separar um mapa ou imagem com um sistema de referência conhecido da mesma área, que servirá de base para o arquivo de correspondência da nova imagem;
- abrir a imagem de estudo em ambiente SIG;
- escolher no mínimo três pontos (pontos de controle) notáveis na imagem aberta. Para melhor precisão, sugere-se a adoção de mais pontos (até dez), alguns dos quais, dadas suas características, poderão ser descartados, em razão da possibilidade de erros de leitura;
- estabelecer o relacionamento, em termos de coordenadas híbridas (da imagem não georreferenciada) e coordenadas conhecidas (da imagem de referência), entre os pontos de

controle presentes na imagem e seus correspondentes no mapa/imagem georreferenciado;
- por meio de um módulo específico do *software*, realizar o reposicionamento da imagem com os parâmetros da imagem de referência (sistema de coordenadas, referenciais de altimetria/planimetria/gravimetria, sistema de projeção etc.).

## 4.4 Modelagem de Dados Espaciais

A introdução de dados em um SIG deve seguir determinadas condições específicas. Os dados espaciais possuem características próprias, cuja percepção por parte do usuário definirá formas diferenciadas de interpretações. A passagem dos dados do mundo real para um mundo virtual deverá ocorrer a partir da utilização de modelos, os quais deverão seguir padrões conceituais vinculados à maneira como o indivíduo concebe o espaço observado. Tal estrutura, portanto, não pode ser desvinculada do paradigma epistemológico envolvido na questão. Nesse sentido, a aclamada "neutralidade científica" acaba por perder seu principal aporte filosófico.

Um exemplo para as considerações tecidas acima diz respeito a dados climáticos – e outros relacionados – de uma área qualquer (ou mesmo do Planeta como um todo). Um indivíduo pode modelar esses dados de tal forma que sua conclusão seja traduzida pelo aumento da temperatura da área ao longo dos anos, tendo como causador o impacto antrópico. Outro indivíduo, dispondo dos mesmos dados, pode realizar sua modelagem e concluir também pelo aumento da temperatura. Entretanto, este último pode vincular o aquecimento térmico a causas naturais, desvinculando um possível efeito direto provocado pelo ser humano.

### 4.4.1 Modelo

No contexto deste livro, o termo "modelo" será explorado sob dois aspectos. O primeiro refere-se à concepção de modelo como uma simulação da realidade representada fisicamente com o uso de materiais diversos. A ideia central dessa percepção diz respeito, portanto, à construção de formas ou estruturas bastante simples, que possam representar suficientemente bem a própria realidade. Um mapa ou uma maquete são exemplos de modelos de aplicações geográficas.

Outra maneira de conceber modelos – a que realmente interessa para a prática com SIGs – está relacionada à elaboração de representações virtuais que fazem uso de estruturas conceituais preconcebidas para a simulação de um espaço real. Tem-se, assim, o *espaço geográfico conceitual* introduzido por Buzai e Durán (1997, p. 21), o qual "é possível incorporar ao ambiente computacional para sua análise e tratamento".

A passagem do modelo conceitual para um modelo digital virtual se dá por procedimentos que estabelecem relacionamentos entre entidades. Uma entidade pode ser definida como um objeto contido no arquivo gerado, o qual possui informações a ele vinculado. Assim, uma escola presente em um arquivo vetorial, por exemplo, é uma entidade que possui informações a ela vinculadas, como suas dimensões, localização espacial, quantidade de alunos etc. Em termos de SIGs, as entidades devem relacionar-se geograficamente e podem ou não participar do processamento dos dados no sistema. A estrutura da modelagem dos dados vai depender, portanto, das características das entidades envolvidas e das necessidades do usuário. Não se deve esquecer, no entanto, das concepções epistemológicas dos envolvidos no processo, fato que direcionará a estruturação do modelo.

Ressalta-se, finalmente, que as ideias expressas neste livro fogem um pouco aos preceitos abordados nas modelagens tradicionalmente concebidas dentro da área da computação. Isso se deve, em especial, ao público a quem é direcionada esta publicação.

### 4.4.2 Modelagem digital para aplicações geográficas

Muitas vezes, a questão da modelagem dos dados espaciais utilizados em um SIG tem sido relegada a um segundo plano. Em termos computacionais, tem-se que um modelo de dados deve ser capaz de fornecer elementos que possam descrever um banco de dados, bem como possibilitar a sua manipulação. Tais condições permitiriam, assim, a obtenção de uma visão abstrata e simplificada da realidade.

Em termos gerais, pode-se estabelecer as seguintes etapas para a elaboração de um modelo de caráter espacial ou geográfico:
- elaboração de listagem contendo os aspectos fundamentais que deverão fazer parte da modelagem;
- realização de levantamento dos dados disponíveis sobre o espaço a ser modelado;
- execução de pesquisa de campo para observação e coleta de dados, a fim de trabalhar-se a percepção da realidade objeto do modelo;
- caracterização, estruturação e dinamização do banco de dados concebido;
- realização da análise dos dados; e
- representação do modelo.

A conversão de informações geográficas do mundo real para uma base de dados virtual compreende uma série de modelizações lógico--matemáticas. Tais modelagens seguem determinados padrões que podem ser estruturados física ou virtualmente. Em se tratando do uso de SIGs, é claro que o interesse recai na modelagem virtual. Entretanto, determinados elementos físicos e concretos, muitas vezes, auxiliam sobremaneira o entendimento de tais modelos.

### Modelos matriciais

Uma primeira forma de modelação espacial vincula-se às estruturas matriciais e vetoriais já exploradas anteriormente. O modelo matricial ou *raster*, por suas características, é mais facilmente trabalhado em *softwares* de geoprocessamento. A posição ocupada por cada *pixel* da imagem está vinculada a uma matriz com linhas e colunas que correspondem a pares de coordenadas associados a atributos específicos. Assim, cada célula (*pixel*) terá uma coordenada conhecida, facilmente relacionada a um determinado sistema de coordenadas e com um valor específico a ela associado.

Os modelos matriciais permitem determinadas operações de análise espacial que serão detalhadas no Cap. 5.

## 4 Base de Dados Georreferenciados

*Modelos vetoriais*

No caso de um modelo vetorial, como as entidades espaciais são compostas por pontos, linhas e polígonos com seus atributos, podem surgir algumas dificuldades de ordem prática que acabam por dificultar sua aplicação. A quantidade de entidades e suas inter-relações constituem-se num dos principais entraves para sua utilização.

Assim como os modelos matriciais, os modelos vetoriais permitem certas operações que serão vistas no Cap. 5. As vantagens e desvantagens de um ou outro modelo, entretanto, são alvo de discussões intermináveis e vão depender de sua aplicação.

### 4.4.3 Modelo Numérico de Terreno (MNT) ou Modelo Digital de Terreno (MDT)

MDT corresponde a *Digital Terrain Model* (DTM) ou *Digital Elevation Model* (DEM). A nomenclatura *Modelo Digital de Elevação* (MDE) tem sido pouco utilizada.

Uma das modelagens mais utilizadas com geotecnologias diz respeito à elaboração de MNTs ou MDTs, ou seja, respectivamente, Modelos Numéricos do Terreno ou Modelos Digitais do Terreno. Tais nomenclaturas obedecem à ideia de que esse tipo de modelagem procura representar digitalmente o comportamento da superfície do Planeta. Atualmente, porém, essa visão tornou-se um pouco mais abrangente, podendo esse modelo ser considerado como a representação digital da variação contínua de qualquer fenômeno geográfico que ocorre na superfície ou mesmo na atmosfera terrestre. Para isso, entretanto, são necessários a aquisição e o processamento de uma grande quantidade de dados, o que poderá gerar algum transtorno.

*Representação de MNTs*

Em termos gerais, pode-se afirmar que os MNTs podem ser representados matematicamente por meio de pontos e linhas (no plano) ou grades de pontos e polígonos (para superfícies tridimensionais). Esses modelos proporcionam, portanto, a possibilidade de construção de uma superfície tridimensional a partir de atributos de dados dispostos no sistema.

No trabalho com o formato matricial, tem-se que cada *pixel* de uma imagem possui um conjunto de três coordenadas: duas de posição ($x$ e $y$) e uma de atributo, a coordenada $z$. Estas, por exemplo, podem corresponder, respectivamente, às coordenadas de longitude, latitude e altitude. Tomando como exemplo uma imagem preto e branco no espaço RGB (ver Cap. 5), os *pixels* com valores mais próximos de zero (preto) poderão ter atributos de altitudes mais baixas, ao passo que *pixels* próximos de 255 (branco) traduzirão as maiores altitudes. De maneira assemelhada, o formato vetorial também pode fazer uso de pontos para representar posições (coordenadas) e atributos. A densidade de pontos revelará a precisão do modelo. Outra maneira de representação dentro do ambiente vetorial é dada pela utilização de linhas com valores constantes, as chamadas isolinhas. A quantidade de isolinhas moldará o modelo: quanto maior o seu número, tanto maior será o detalhamento e a precisão do modelo.

A representação tridimensional de MNTs pode ser feita por meio de modelos que utilizam grades de pontos ou superfícies vetoriais. A opção por uma ou outra forma de modelagem dependerá dos recursos disponíveis.

Para a geração de um MNT, em geral, deve-se:
- realizar um levantamento dos dados disponíveis e procurar caracterizá-los espacialmente. Normalmente, trabalha-se com dados pontuais (altitudes no terreno, temperaturas, pluviosidade de estações meteorológicas etc.) ou com isolinhas (linhas de mesmo valor: isoietas, isotermas, isóbaras, isoípsas etc.);
- introduzir os dados no sistema (digitalização/vetorização);
- traçar as respectivas isolinhas a partir dos dados pontuais (dispostos em tabelas, desde que georreferenciados, ou mesmo em mapas);
- estabelecer os parâmetros de interpolação dos pontos;
- aplicar o módulo do respectivo *software* para a geração do modelo.

## 4 Base de Dados Georreferenciados

Alguns *softwares* trabalham diretamente com os pontos georreferenciados. Cada ponto plotado no mapa terá uma coordenada $(x, y)$ específica e um valor $(z)$ conhecido. No caso das isolinhas, cada curva terá uma infinidade desses pontos, com valores 'z' idênticos.

É importante recordar que as isolinhas são construídas com base em distribuições pontuais, com o auxílio de interpoladores, conforme será visto a seguir. As Figs. 4.5 a 4.7 ilustram a geração de um modelo tridimensional a partir de isolinhas e sua derivação para um MNT.

Os MNTs são utilizados para trabalhos com bacias hidrográficas, cálculo de declividades, estabelecimento de perfis topográficos, elaboração de mapas de orientação de vertentes, confecção de zoneamentos climáticos e outras soluções que utilizem dados pontuais.

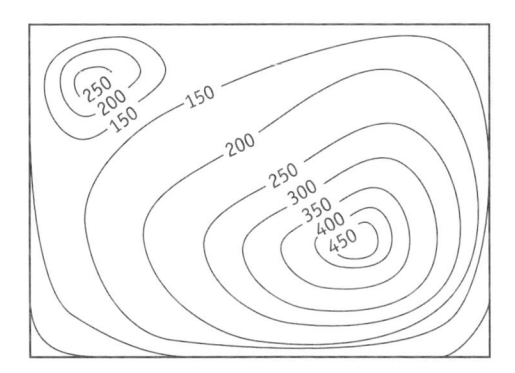

**Fig. 4.5** *Curvas de nível (isoípsas) de uma área qualquer*

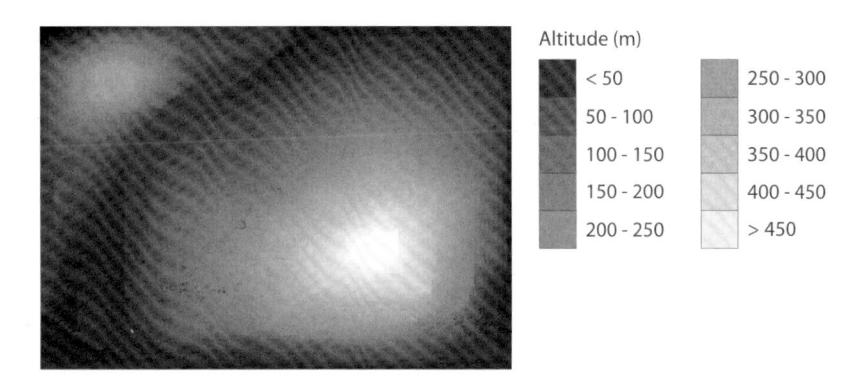

**Fig. 4.6** *MNT derivado das isoípsas da Fig. 4.5*

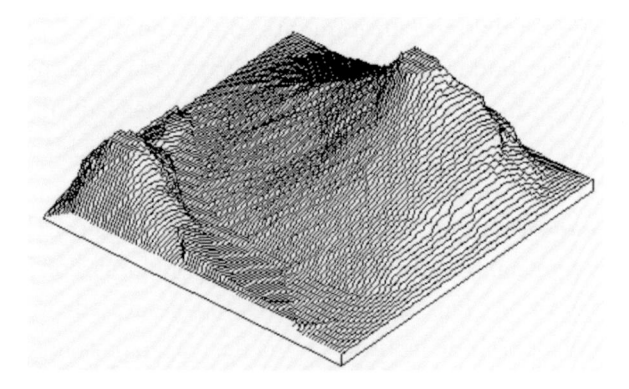

**Fig. 4.7** *Representação tridimensional do MNT da Fig. 4.6*

#### 4.4.4 Interpolação de dados digitais

Uma das características mais vinculadas à modelagem de dados digitais está relacionada à interpolação destes. Essa condição advém da possível escassez de dados. Um dos exemplos típicos é o da construção de mapas de isolinhas e de MNTs derivados.

A interpolação pode ser entendida como um método que, utilizando funções matemáticas, permite encontrar valores de dados intermediários contidos entre outros dois valores de dados conhecidos. Os dados interpolados representam, portanto, uma aproximação da realidade. Assim, quanto mais dados conhecidos existirem, tanto mais fiel será a modelagem realizada.

No caso de imagens digitais, a interpolação pode ser feita com arquivos matriciais ou vetoriais. No caso dos arquivos matriciais, a interpolação é realizada *pixel* a *pixel*. No caso dos arquivos vetoriais, ela é realizada ponto a ponto.

#### 4.4.1 Interpolação linear

A interpolação linear utiliza, como função interpoladora, uma função linear do tipo

$$g(x) = \frac{(b-x)}{(b-a)} f(a) + \frac{(x-a)}{(x-b)} f(b) \qquad (4.7)$$

em que:
$g(x)$ – função linear;

**4 Base de Dados Georreferenciados**

$f(a)$ e $f(b)$ – valores da função original "desconhecida" $f(x)$ nos pontos $x = a$ e $x = b$, respectivamente.

O gráfico apresentado na Fig. 4.8 mostra uma simulação de duas funções relacionadas à transformação linear descrita pela Eq. 4.7.

O método de interpolação linear é o método mais simples e pode gerar uma série de imperfeições, dadas as suas características. A Fig. 4.9 apresenta a simulação de um perfil topográfico comparando o terreno "real" e a superfície construída por interpolação linear.

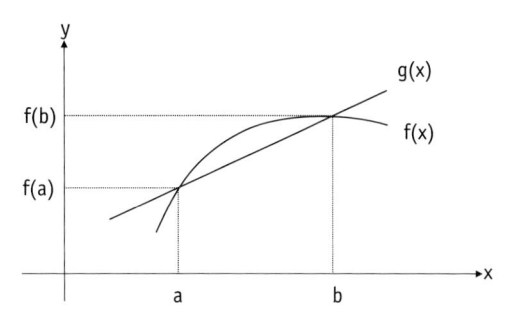

**Fig. 4.8** *Interpolação linear*

A partir dos exemplos apresentados, pretendeu-se dar uma ideia do que ocorre na utilização de interpoladores. Entretanto, a interpolação linear, apesar de ser facilmente trabalhada, constitui-se numa função que representa o terreno de maneira bastante grosseira.

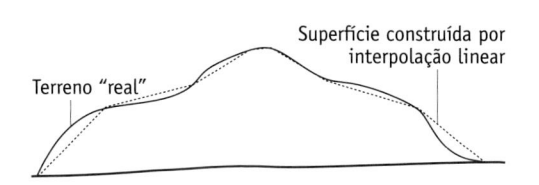

**Fig. 4.9** *Comparação entre um perfil de terreno "real" e a superfície construída por interpolação linear*

### 4.4.2 Outros interpoladores

Para tentar minimizar os efeitos indesejados da interpolação linear, pode-se utilizar outras funções interpoladoras. Para isso, em geral, são utilizados polinômios diversos, como funções. Assim, podemos ter interpolação quadrática, que faz uso de um polinômio de segundo grau; interpolação cúbica, que faz uso de um polinômio de terceiro grau, e assim por diante.

Diversos interpoladores foram sendo criados ao longo dos tempos para procurar promover modelagens o mais próximas da realidade, dentro do possível. Assim, polinômios como os de Newton e de Lagrange foram sendo adaptados para proporcionar melhores resultados.

Atualmente, está sendo bastante utilizado um método de interpolação baseado no trabalho desenvolvido por Daniel G. Krige em meados do século XX. Trata-se do método de krigagem ou *kriging*, que pode ser concebido como um precursor da geoestatística. Simplificadamente, esse método faz uso de um sistema bidimensional de coordenadas conhecidas – portanto, com um determinado número de pontos –, para calcular a semivariância de cada ponto em relação aos demais. Assim, a krigagem pondera espacialmente os valores dos pontos da vizinhança de cada ponto considerado. A partir do gráfico gerado pelos procedimentos, é estimado o modelo do semivariograma, função que analisa a dependência espacial entre os pontos.

Por causa do sucesso obtido, outros interpoladores vêm sendo preteridos em favor da krigagem. Diversos *softwares* comerciais já disponibilizam esse tipo de interpolação, em razão dos seus resultados bastante satisfatórios, por sua estreita ligação com a geoestatística.

# 5 ESTRUTURA DE UM SIG

Desde a sua concepção, um SIG deve ser compreendido como uma vigorosa ferramenta para apoiar a tomada de decisão por parte do usuário. A sua estrutura deve, nesse sentido, ser muito bem planejada para que a interação homem-máquina ocorra de maneira eficiente e atenda às necessidades dos usuários.

Os SIGs podem possuir constituições e funções diferenciadas. Desse modo, um SIG pode apresentar uma estrutura genérica, quando concebido para fins diversos.

Certos SIGs – entendidos aqui como *softwares* –, comerciais ou não, podem ser adaptados para trabalhos a eles relacionados. Nesse grupo, encaixam-se sistemas como os desenvolvidos pela Clark University (Idrisi), pela Esri (ArcGis), pelo Inpe (Spring) e tantos outros.

Por outro lado, um SIG pode apresentar uma estrutura aplicada, utilizada para um fim específico. O SIG de uma cidade é um exemplo desse tipo de sistema. Nele, os usuários podem extrair informações, via Internet, a respeito de aspectos diversos como transporte, turismo etc. Esses SIGs, em geral, são construídos sobre a plataforma de um SIG genérico.

## 5.1 Estrutura de um SIG

Um SIG é constituído pelos seguintes componentes:
- *hardware*, isto é, a plataforma computacional utilizada;
- *software*, ou seja, os programas, módulos e sistemas vinculados;
- *dados*, a saber, os registros de informações resultantes de uma investigação; e
- *peopleware*, ou seja, os profissionais e/ou usuários envolvidos.

Os diversos sistemas de informações geográficas possuem determinados programas associados que realizam operações específicas de acordo com sua finalidade. A sofisticação do SIG dependerá, assim, das necessidades do usuário, além da disponibilidade de recursos para suas aquisição e manutenção.

Um SIG pode ser entendido, assim, como uma reunião de outros sistemas associados, os quais são constituídos por programas com módulos (outros programas) diversos que, por sua vez, podem constituir-se em outros sistemas independentes.

Muitos *softwares* são fornecidos em módulos separados, em razão da possibilidade de não utilização, por parte do usuário, de certas funções. Essa característica pode revelar-se salutar sob determinado aspecto, visto o uso do módulo restringir-se a certas porções específicas do sistema. É importante salientar que a aquisição e a atualização dos diversos módulos podem vir a tornar-se extremamente onerosas, na medida em que cada módulo é visto como um *software* individual.

## 5.2 Funções de um SIG

Como se pode depreender, os componentes intrínsecos a cada SIG dizem respeito ao uso que se fará do sistema. Assim sendo, a literatura apresenta diversas funções associadas a um SIG. Neste livro, as funções serão entendidas como os próprios módulos do sistema a elas relacionados. Entre estes, podem ser destacados:
- aquisição e edição de dados;
- gerenciamento do banco de dados;
- análise geográfica de dados; e
- representação de dados.

As funções de um SIG estão vinculadas à própria estrutura do sistema, a qual se relaciona às necessidades do usuário. Dessa forma, tem-se que cada sistema poderá ter módulos específicos agrupados ou externos a ele como um todo. A estrutura de cada sistema vincula-se, portanto, às suas características conceptivas.

### 5.2.1 Sistema de gerenciamento dos dados

O sistema de gerenciamento de banco de dados (SGBD) pode ser entendido como a porção do sistema que permite a sua manipulação. Especialmente desenhado para lidar com dados espaciais e alfanuméricos, esse sistema deverá controlar a organização físico-lógica dos dados, o seu armazenamento, a sua recuperação e a sua atualização. O SGBD será também o responsável pela integridade dos dados e deverá permitir o acesso simultâneo por parte de vários usuários, cujos acessos poderão ser mais ou menos restritivos.

O gerenciamento dos dados em um SIG compreende, portanto, todas as fases de desenvolvimento de um SGBD, desde sua concepção inicial até o seu uso prático. O SGBD pode ser considerado como o "cérebro" do sistema, respondendo por todas as conexões realizadas.

O gerenciamento do banco de dados é tido como uma tarefa de caráter operacional. Não se deve confundir a propriedade que um SIG possui em termos de gestão espacial com o gerenciamento dos dados nele inseridos. Nesse sentido, pode-se trazer à discussão uma diferenciação implícita entre o que se entende por processos de gestão e de gerenciamento, muitas vezes utilizados como sinônimos. Neste livro, entender-se-á gestão como o conjunto de processos que vinculam o planejamento, o controle e a execução de determinadas ações. Já o gerenciamento estaria, nesta abordagem, mais vinculado à operacionalização de tais ações. Essas considerações são importantes na medida em que se entende que um SIG trabalha a gestão do espaço – tarefa de cunho técnico-científico –, e não o seu gerenciamento – tarefa administrativa. Apenas internamente, os dados são gerenciados por um sistema próprio, o SGBD.

Dentro deste módulo, pode-se caracterizar diversas propriedades vinculadas às aplicações do sistema, tais como: aquisição, armazenagem, edição, recuperação e representação de dados.

### *Aquisição de dados*
Os procedimentos de aquisição de dados em um SIG seguem determinadas etapas, conforme visto no capítulo anterior. A introdução de dados no sistema é feita por meio da aquisição direta, em meio digital, de dados alfanuméricos ou espaciais

pré-processados ou não, pela confecção e lançamento de dados em planilhas, pelo uso de sistemas de posicionamento por satélite e pelos processos de digitalização e vetorização.

Os dados espaciais presentes no sistema são complementados pelos dados alfanuméricos que os caracterizam. Estes, necessariamente, possuem códigos individuais que identificam cada entidade gráfica e que servirão de conexão entre estas e os demais dados do banco.

Os dados incorporados ao sistema devem ser passíveis de edição. A capacidade de edição dos dados deve permitir desde a supressão total ou parcial do dado ou de uma entidade até a inclusão de novas informações. A edição deve ocorrer de forma interativa, desde que o usuário não possua restrições de acesso a tal função.

### Armazenagem de dados

O SGBD de um SIG deve ser capaz de armazenar e relacionar os dados para a obtenção de informação que possa ser analisada espacialmente, ou seja, *informação geográfica*. Os dados alfanuméricos são armazenados em formato de tabelas/planilhas. Os dados gráficos são armazenados na forma de matrizes (formato *raster*) e na forma de vetores (pontos, linhas e polígonos).

### Edição de dados

A edição de dados é entendida, neste livro, como a maneira pela qual o sistema pode adicionar, suprimir ou substituir dados nele contidos. É claro que a utilização de tais características está diretamente vinculada às concepções teórico-ideológicas do usuário, além de sua própria formação profissional.

A chamada "manipulação" de dados em SIGs tem sido motivo de desconfiança, especialmente por parte de leigos no assunto. Tal condição, no entanto, não reduz a importância desta propriedade, podendo justificar, inclusive, a maior responsabilidade do técnico, que passa a tomar parte efetiva no processo decisório. A edição de dados pode ser realizada tanto em arquivos alfanuméricos quanto em arquivos gráficos.

### Arquivos alfanuméricos

Com relação a dados alfanuméricos, um exemplo de sua edição é a atualização de dados de população resultantes de levantamentos censitários. A substituição dos dados deve seguir procedimentos padrão, sendo executada somente por usuários liberados para tal.

Um cuidado que deve ser tomado diz respeito a um tipo de erro de edição, por causa da inserção de coordenadas geográficas advindas de sistemas de referência diferenciados e tratados como tendo mesma origem. Dependendo da situação, os erros de posicionamento de coordenadas de dados tabulares ocasionarão, no mínimo, sérios prejuízos ao trabalho como um todo, pois estes não corresponderão aos pontos referidos nos mapas a eles relacionados.

### Arquivos gráficos

Para arquivos gráficos, as preocupações crescem em função das suas propriedades intrínsecas. Uma característica presente nos SIGs diz respeito à possibilidade de troca de formato de dados de *raster* para vetorial ou vice-versa, por exemplo, como visto no Cap. 4.

No que diz respeito a dados espaciais inseridos no sistema via processos de digitalização ou vetorização, o sucesso da operação dependerá, além da capacidade em termos de funções do sistema, da destreza do operador. A edição de entidades gráficas em um arquivo vetorial, como adição e supressão de pontos, linhas ou polígonos, vincula-se ao refinamento desejado e à percepção do operador envolvido.

### Arquivos vetoriais – estruturação topológica

A estruturação topológica constitui-se como relações espaciais entre os elementos gráficos vetoriais, em termos de *conectividade* (se os elementos estão ligados ou não), *contiguidade* (identificação do contato de elementos) e *proximidade* (distância entre dois elementos). Como os arquivos vetoriais estruturam-se em pontos, linhas e polígonos reproduzidos digitalmente por meio da vetorização de arquivos, erros e inconsistências são bastante comuns.

Linhas inacabadas, por exemplo, devem ser editadas a fim de que os *nós* (pontos inicial e final de uma linha) sejam conectados para a *consistência* (qualidade e precisão) do arquivo. Um polígono aberto, com nós desconectados, não é reconhecido como tal pelo programa e não contempla outros elementos a ele relacionados, como o cômputo de sua área, seu perímetro etc. Em geral, para evitar pequenos erros, é utilizado um recurso para a ligação de nós desconectados. Trata-se da aplicação de um algoritmo que faz uso de um círculo com raio de tolerância predeterminado (*snap tolerance*), utilizado como parâmetro para ligar nós suficientemente próximos. A Fig. 5.1 simula a conexão de dois nós para o fechamento de um polígono.

Polígono aberto (nós desconectados)     Inserção de círculo com raio de tolerância preconcebido     Polígono fechado

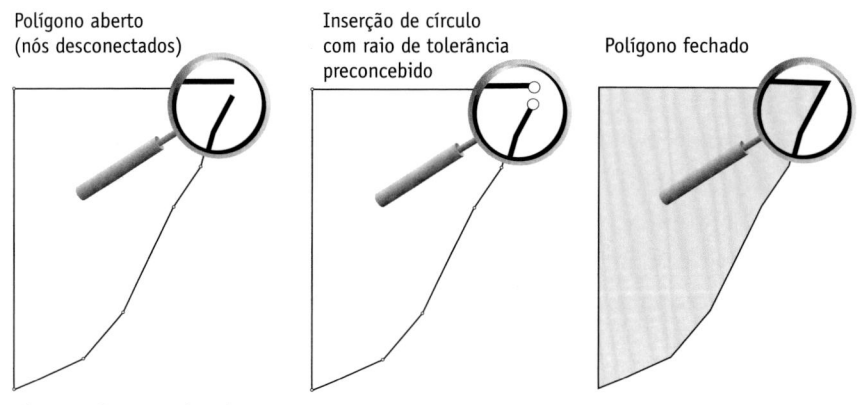

**Fig. 5.1** *Conexão de nós*

É importante ser destacado que a distância tolerada deve ser concebida dentro de um possível erro gráfico admissível (ver item 3.5.1), visto que, para ocorrer a ligação entre dois arcos, necessariamente haverá um deslocamento de seus pontos.

### Arquivos matriciais – sobreposição de camadas de dados espaciais

Em termos de arquivos matriciais, ou em estrutura *raster*, os *softwares* trabalham possibilidades diversas de acordo com suas especificações e necessidades. A aquisição e a edição de uma imagem de satélite dividida em diversas porções – bandas – do espectro eletromagnético, por exemplo, estarão ligadas à capacidade do *software* empregado e à qualificação do profissional

## 5 Estrutura de um SIG

que nele trabalha. Os procedimentos vinculados à manipulação de imagens de satélite mereceram um capítulo específico, visto a seguir.

Para um SIG, especificamente, talvez o procedimento mais importante diga respeito à capacidade do sistema em executar a sobreposição de camadas de dados espaciais, conhecida como *overlay* na literatura. Os SIGs, em geral, como boa parte dos *softwares* gráficos, separam os dados em camadas de informações (*layers*). A diferença entre um *software* gráfico tradicional e um SIG situa-se no âmbito geocartográfico. Num SIG, essas camadas são georreferenciadas, isto é, estão vinculadas a um banco de dados georreferenciados e podem ser livremente manipuladas, gerando informações adicionais às preexistentes. A Fig. 5.2 procura apresentar a simples sobreposição de planos de informação individuais e o seu resultado final.

Sobreposição dos planos de informações    Composição final

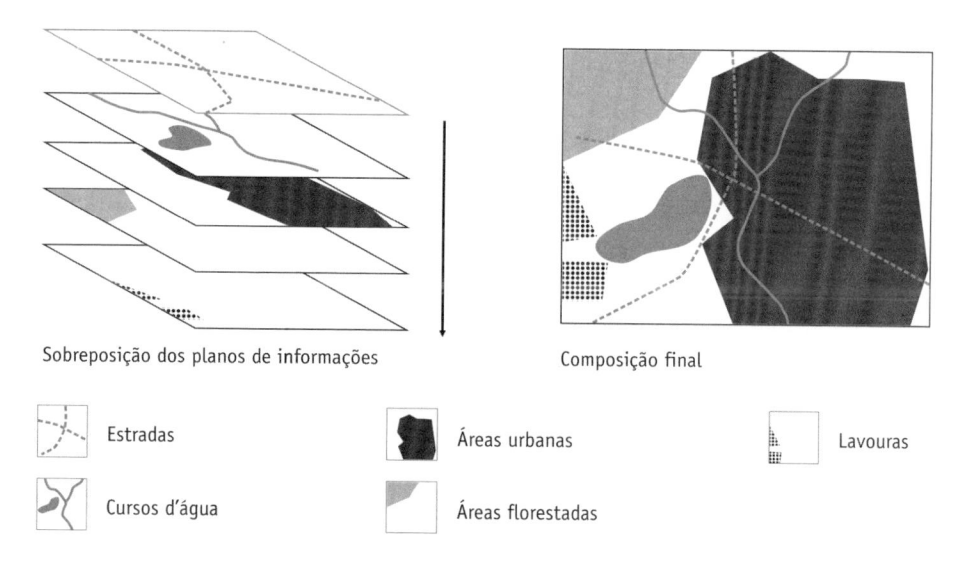

Estradas    Áreas urbanas    Lavouras

Cursos d'água    Áreas florestadas

**Fig. 5.2** *Sobreposição de planos ou camadas de informações*

A tarefa de sobreposição de camadas pode se dar tanto em arquivos *raster* quanto em arquivos vetoriais. Na estrutura *raster*, as informações processadas geram um arquivo de igual tamanho aos arquivos originais; já o arquivo vetorial sofrerá um acréscimo substancial (dependendo da quantidade de informação presente). Além dessa condição, a manipulação de camadas *raster* tem se mostrado bem mais eficiente, dadas as características dos arquivos e da possibilidade maior de controle das ações. Em um arquivo matricial, o trabalho é realizado *pixel* a *pixel*, e tal condição é passível de sofrer verificações no decorrer dos cruzamentos realizados. A sobreposição de camadas será retomada no tema referente às funções ou módulos de análise.

### *Conversão, importação e exportação de arquivos de dados*

Um bom sistema de informações geográficas deve proporcionar a conversão, suportar a importação e permitir a exportação de diferentes formatos de arquivos. A enorme quantidade de *softwares* disponíveis no mercado traduz uma imensa gama de tipos de arquivos com peculiaridades mais ou menos significativas a eles relacionadas. Formatos híbridos e/ou específicos de cada *software* deverão ser passíveis de conversões para serem exportados para outros.

Os formatos de arquivos apresentados no Cap. 4 denotam algumas dessas características e exemplificam a necessidade de maleabilidade do sistema.

### 5.2.2 Análise geográfica dos dados

As características dessa função referem-se às potencialidades que o sistema tem de realizar simultaneamente análises de dados espaciais e seus atributos alfanuméricos. Essas aplicações são fundamentais para esse tipo de sistema, tornando-o diferenciado dos *softwares* gráficos e de outros sistemas.

Essa função é, sem dúvida, a mais importante para trabalhos científicos e análises espaciais diversas que exijam técnicas sofisticadas e profissionais altamente qualificados. Entre as principais subdivisões vinculadas, destacam-se a reclassificação, a sobreposição, a vizinhança e contextualização de imagens.

### *Reclassificação*

A reclassificação de um arquivo constitui-se na substituição de valores de entidades gráficas por outros, conforme a necessidade do usuário. Ao se trabalhar com arquivos matriciais, cada *pixel* pode ser redefinido de acordo com parâmetros predeterminados. Para tal, pode-se fazer uso de rotinas específicas, como a multiplicação dos *pixels* da imagem por um determinado escalar, ou a substituição de todos os valores inferiores a um determinado padrão por um valor fixo, ou ainda tantas outras possibilidades. Dessa forma, a imagem original é alterada com a criação de novas categorias a partir desta.

A Fig. 5.3 faz uma simulação da reclassificação *pixel* a *pixel* de uma imagem, na qual os valores entre 0 (inclusive) e 1 (inclusive) são reclassificados como iguais a 0; os valores entre 1 e 2 (inclusive) são reamostrados como valendo 1; os valores entre 2 e 3 (inclusive) são reclassificados como iguais a 2; finalmente, os valores maiores do que 3 (exclusive) passarão a valer 3.

A Fig. 5.4 mostra a fusão de duas feições (mata nativa e área de banhados) em uma só composição (áreas de preservação).

Valores reclassificados:

| 2 | 2 | 3 | 4 |
|---|---|---|---|
| 2 | 3 | 4 | 5 |
| 0 | 3 | 5 | 5 |
| 1 | 6 | 7 | 8 |

0 ⊢─┤ 1 → 0
1 ⊢─┤ 2 → 1
2 ⊢─┤ 3 → 2
Maior que 3 → 3

| 1 | 1 | 2 | 3 |
|---|---|---|---|
| 1 | 2 | 3 | 3 |
| 0 | 2 | 3 | 3 |
| 0 | 3 | 3 | 3 |

**Fig. 5.3** *Reclassificação de imagem* pixel *a* pixel

Uso do solo → Reclassificação → Uso do solo/áreas de preservação

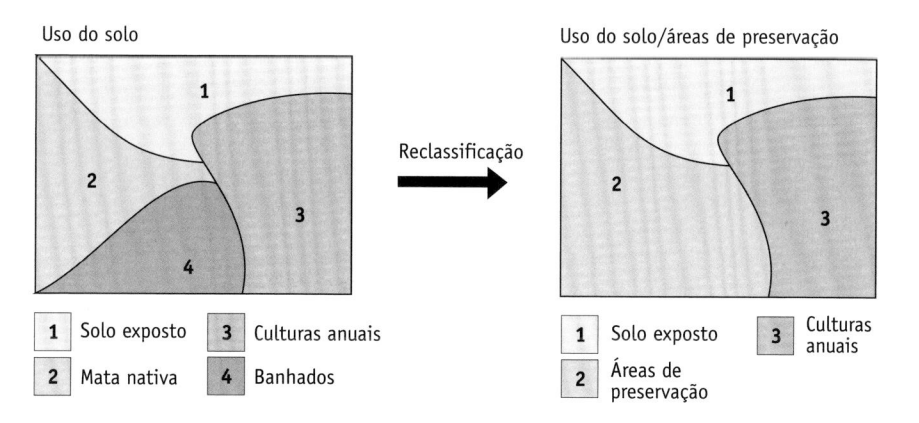

1 Solo exposto  3 Culturas anuais
2 Mata nativa   4 Banhados

1 Solo exposto  3 Culturas anuais
2 Áreas de preservação

**Fig. 5.4** *Reclassificação de imagem*

## Sobreposição

Já foi comentado que a sobreposição de entidades gráficas pode ser feita tanto em arquivos vetoriais quanto matriciais.

As diferenças entre os usos de uma ou outra estrutura vão depender do *software* disponível e das necessidades do usuário.

Pode-se distinguir duas formas de sobreposição:
- *Sobreposição lógica*: quando se faz uso de operadores lógicos (análise booleana);
- *Sobreposição aritmética*: quando são utilizados operadores matemáticos (adição, subtração, multiplicação etc.).

A *sobreposição lógica* trabalha os arquivos (vetoriais ou matriciais) a partir do empilhamento de diferentes camadas de dados. Em arquivos vetoriais, essa sobreposição traz como vantagem a manutenção dos vínculos do arquivo-imagem com os dados alfanuméricos, além da possibilidade de articulação das camadas. Em arquivos matriciais, o procedimento de sobreposição de camadas gera um novo arquivo, dissociado dos originais. A Fig. 5.2, anteriormente apresentada, demonstra essa ideia.

### Análise booleana

A utilização de análise booleana é bastante comum ao se trabalhar com SIGs. Sinteticamente, os operadores booleanos podem ser:
- &lt;AND&gt;: operador "e", significando intersecção (Fig. 5.5);
- &lt;OR&gt;: operador "ou", significando união (Fig. 5.6);

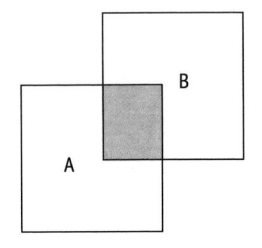

**Fig. 5.5** *Operador &lt;and&gt; (A and B)* 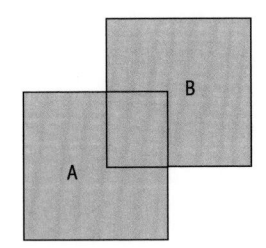     **Fig. 5.6** *Operador &lt;or&gt; (A or B)*

- &lt;XOR&gt;: operador exclusão do "ou", isto é, "desunião" (Fig. 5.7);
- &lt;NOT&gt;: operador "não", isto é, negação (Fig. 5.8);

## 5 Estrutura de um SIG

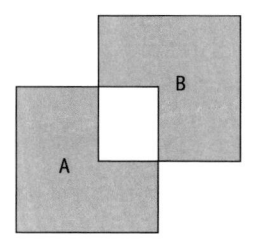

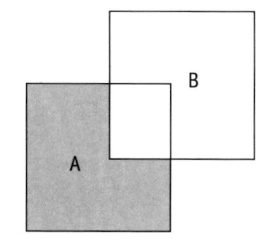

**Fig. 5.7** *Operador <xor> (A xor B)*  **Fig. 5.8** *Operador <not> (A not B)*

- <IMP>: implicação;
- <EQV>: equivalência.

Para que se tenha uma ideia mais elucidativa quanto ao uso de tais operadores, foram apresentadas as Fig. 5.5 a 5.8, que procuram caracterizar, respectivamente, os operadores <and>, <or>, <xor> e <not>.

No caso da *sobreposição aritmética*, a estrutura do arquivo é completamente alterada, não sendo utilizada para formatos vetoriais. Assim, em uma imagem *raster*, cada *pixel* é modificado de acordo com o operador utilizado. As Figs. 5.9 e 5.10 simulam os efeitos da sobreposição com os operadores adição e multiplicação em imagens *raster*, nas quais os valores dos *pixels* são dados pelas linhas e colunas das matrizes representadas.

A utilização de um ou outro modelo de sobreposição vai depender do tipo de análise realizada e do resultado esperado pelo usuário. Dessa forma, pode-se afirmar que o produto gerado vincula-se à experiência e qualificação do profissional operador.

| Imagem A | | | | | Imagem B | | | | | Imagem final | | | |
|---|---|---|---|---|---|---|---|---|---|---|---|---|---|
| 2 | 2 | 3 | 4 | + | 0 | 2 | 1 | 5 | = | 2 | 4 | 4 | 9 |
| 2 | 3 | 4 | 5 | | 4 | 5 | 7 | 11 | | 6 | 8 | 11 | 16 |
| 0 | 3 | 5 | 5 | + | 2 | 1 | 4 | 2 | = | 2 | 4 | 9 | 7 |
| 1 | 6 | 7 | 8 | | 0 | 1 | 2 | 12 | | 1 | 7 | 9 | 20 |

**Fig. 5.9** *Adição: soma* pixel *a* pixel

| Imagem A | | | | x | Imagem B | | | | = | Imagem final | | | |
|---|---|---|---|---|---|---|---|---|---|---|---|---|---|
| 2 | 2 | 3 | 4 | | 0 | 2 | 1 | 5 | | 0 | 4 | 3 | 20 |
| 2 | 3 | 4 | 5 | | 4 | 5 | 7 | 11 | | 8 | 15 | 28 | 55 |
| 0 | 3 | 5 | 5 | | 2 | 1 | 4 | 2 | | 0 | 3 | 20 | 10 |
| 1 | 6 | 7 | 8 | | 0 | 1 | 2 | 12 | | 0 | 6 | 14 | 96 |

**Fig. 5.10** *Multiplicação: multiplica* pixel *a* pixel

### Vizinhança e contextualização

As aplicações de vizinhança e de contextualização dos dados gráficos dizem respeito à exploração das caraterísticas do entorno do espaço analisado. Nelas incluem-se operadores de distância, cálculos relacionados com o melhor caminho a ser seguido, interpolação de pontos (geração de mapas de isolinhas e de modelos numéricos de terreno), análises de proximidade e de redes, cálculos de volumes etc.

Para contextualizar, será utilizada uma operação matemática de proximidades relativas. Esta diz respeito à medição de distâncias euclidianas, diretamente na imagem, a partir de cada célula individualmente. A Fig. 5.11 mostra um recorte do mapa da localidade fictícia de Paulópolis, o qual contém os seguintes elementos: área

**Fig. 5.11** *Recorte do mapa de Paulópolis*

urbana; rodovia que corta a localidade; área alagadiça; área de preservação e área de lavoura.

Ao aplicarmos os parâmetros de distância referentes a cada um dos elementos identificados no mapa da Fig. 5.11, conforme a lista abaixo, teremos o resultado observado na Fig. 5.12.

- distância de 500 m da "mancha urbana";
- distância de 100 m do eixo de rodovias;
- distância de 200 m de cursos d'água, áreas inundáveis etc.;
- distância de 200 m de áreas de preservação; e
- distância de 200 m de áreas de lavoura.

**Fig. 5.12** *Recorte do mapa de Paulópolis considerando os operadores de distância listados (nota-se que houve uma expansão para fora dos limites considerados)*

É importante chamar a atenção para o fato de que as características que envolvem este submódulo evidenciam-se num campo de aplicação bastante interessante. Trata-se do geomarketing, ou seja, resumidamente, uma visão geográfica para o planejamento e gestão de negócios em geral.

### Análises estatísticas

Os dados contidos no SGBD podem ser trabalhados estatisticamente dentro do próprio sistema ou com o auxílio de *softwares* próprios. Dessa forma, pode-se extrair informações geradas pelo uso da estatística, com dados disponíveis em tabelas, gráficos ou mapas derivados. A chamada geoestatística tem merecido importante destaque dentro do uso de geotecnologias. Entre as funções presentes na maioria dos SIGs, destacam-se: regressões, interpolações, correlações, estabelecimento de médias, desvios padrão, variâncias etc.

Um exemplo desse tipo de aplicação diz respeito ao histograma de uma imagem. Essa ferramenta possibilita a apresentação tabular ou gráfica da distribuição de *pixels* em uma imagem qualquer. A Tab. 5.1 apresenta a distribuição de *pixels* de uma imagem de satélite, e a Fig. 5.13 apresenta o histograma referente a essa imagem.

### 5.2.3 Função de recuperação de dados

A propriedade de recuperação de dados é vista como a possibilidade aberta pelo sistema de consultar dados por meio de atributos específicos, localizados nas planilhas que formam o BD e pelas coordenadas dispostas nas imagens e/ou nos mapas. Essa aplicação caracteriza-se por recuperar os dados existentes no banco de dados por meio de inferências realizadas, via monitor, às entidades espaciais presentes nos mapas a ele vinculados ou em uma planilha de dados.

Assim, as características de uma área qualquer presente num mapa vetorial consultado, individualizada por um polígono, que por sua vez está conectado ao BD, podem ser recuperadas com um simples "clicar" do *mouse* no referido local. A população de uma região, sua renda *per capita*, ou outras informações armazenadas no banco de dados podem ser recuperadas dessa maneira. Além dos dados gerais de descrição da área, pode-se consultar o seu perímetro, sua área, distâncias entre pontos etc.

Determinados *softwares* fornecem parâmetros para o estabelecimento de consultas seletivas ao banco de dados. Nesse caso, além da simples consulta descrita acima, pode-se agregar, por exemplo, características específicas de uma região. A Fig. 5.14 demonstra a consulta de alguns dos dados presentes no mapa de solos de uma bacia hidrográfica.

**Tab. 5.1** Distribuição de *pixels* (23 classes) de uma imagem Cbers-2

| Classe | Limite inferior | Limite superior | Frequência | Proporção | Freqüência acumulada | Proporção acumulada |
|---|---|---|---|---|---|---|
| 0 | 29,0000 | 38,9999 | 362102 | 0,2806 | 362102 | 0,2806 |
| 1 | 39,0000 | 48,9999 | 794537 | 0,6157 | 1156639 | 0,8963 |
| 2 | 49,0000 | 58,9999 | 123258 | 0,0955 | 1279897 | 0,9918 |
| 3 | 59,0000 | 68,9999 | 7347 | 0,0057 | 1287244 | 0,9975 |
| 4 | 69,0000 | 78,9999 | 1776 | 0,0014 | 1289020 | 0,9989 |
| 5 | 79,0000 | 88,9999 | 702 | 0,0005 | 1289722 | 0,9994 |
| 6 | 89,0000 | 98,9999 | 342 | 0,0003 | 1290064 | 0,9997 |
| 7 | 99,0000 | 108,9999 | 179 | 0,0001 | 1290243 | 0,9998 |
| 8 | 109,0000 | 118,9999 | 90 | 0,0001 | 1290333 | 0,9999 |
| 9 | 119,0000 | 128,9999 | 46 | 0,0000 | 1290379 | 0,9999 |
| 10 | 129,0000 | 138,9999 | 37 | 0,0000 | 1290416 | 1,0000 |
| 11 | 139,0000 | 148,9999 | 12 | 0,0000 | 1290428 | 1,0000 |
| 12 | 149,0000 | 158,9999 | 10 | 0,0000 | 1290438 | 1,0000 |
| 13 | 159,0000 | 168,9999 | 15 | 0,0000 | 1290453 | 1,0000 |
| 14 | 169,0000 | 178,9999 | 4 | 0,0000 | 1290457 | 1,0000 |
| 15 | 179,0000 | 188,9999 | 3 | 0,0000 | 1290460 | 1,0000 |
| 16 | 189,0000 | 198,9999 | 1 | 0,0000 | 1290461 | 1,0000 |
| 17 | 199,0000 | 208,9999 | 1 | 0,0000 | 1290462 | 1,0000 |
| 18 | 209,0000 | 218,9999 | 1 | 0,0000 | 1290463 | 1,0000 |
| 19 | 219,0000 | 228,9999 | 0 | 0,0000 | 1290463 | 1,0000 |
| 20 | 229,0000 | 238,9999 | 1 | 0,0000 | 1290464 | 1,0000 |
| 21 | 239,0000 | 248,9999 | 0 | 0,0000 | 1290464 | 1,0000 |
| 22 | 249,0000 | 258,9999 | 7 | 0,0000 | 1290471 | 1,0000 |

Intervalo de classe = 10,0000
Display mínimo = 29,0000
Display máximo = 259,0000
Média = 41,6703
Desvio padrão = 11,3436

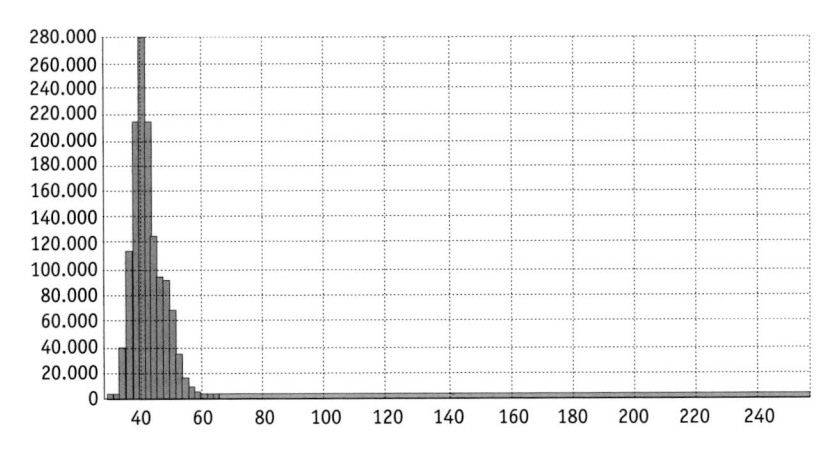

**Fig. 5.13** *Histograma referente à imagem citada na Tab. 5.1*

Microbacia Hidrográfica de Inhanava
(Maximiliano de Almeida – RS)

Tipo de solo: Rre1 + PVAe (Associação
Neossolo Vermelho-Amarelo eutrófico
abrúptico).

Coordenadas UTM:
E:424.798,37
N:6.947.120,48

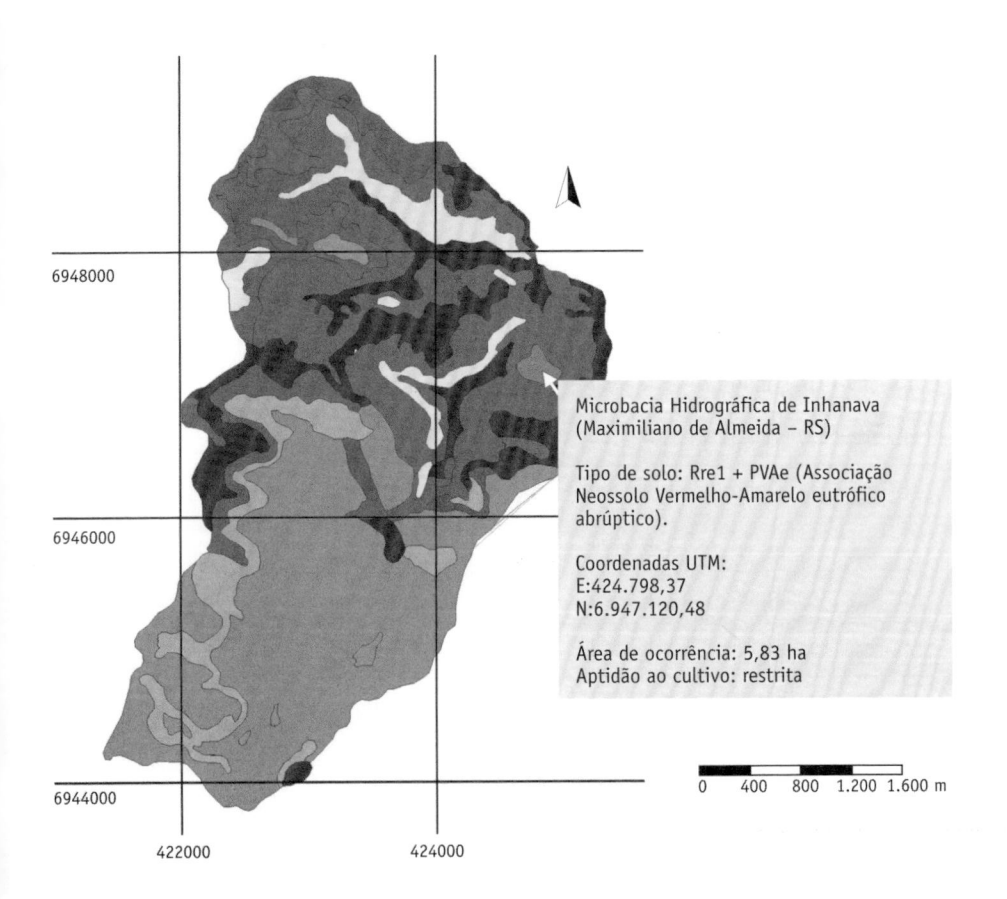

Área de ocorrência: 5,83 ha
Aptidão ao cultivo: restrita

**Fig. 5.14** *Consulta ao banco de dados*

### 5.2.4 Representação de dados

Após o uso analítico do SIG, as respostas derivadas deverão ser representadas gráfica ou textualmente, a fim de que o produto obtido possa ser entendido inclusive por leigos. Dessa forma, o SIG deverá possuir um mínimo de recursos para que os resultados possam ser visualmente agradáveis e compreensíveis. O sistema, portanto, deve ser capaz de produzir tabelas, mapas, gráficos e relatórios providos de suas características intrínsecas.

Ferramentas para a introdução de títulos, legendas, quadrículas com sistemas de coordenadas, textos complementares, símbolos etc. nos mapas gerados são imprescindíveis para qualquer sistema desse tipo. A qualidade dos mapas gerados tem sido preocupação constante dos fabricantes de *software* nos últimos anos. Da mesma forma, ferramentas para a geração de relatórios, planilhas e gráficos devem fazer parte dessas funções.

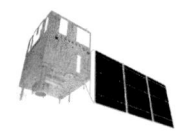

# 6
# Sensoriamento Remoto e Sistemas de Informações Geográficas

Diversos autores, como Richards (1986), Maguire (1991), Eastman (1995), além de Burrough e McDonnell (1998), de maneira mais ou menos direta estabelecem uma forte relação entre a técnica do sensoriamento remoto e os Sistemas de Informações Geográficas. Muitos *softwares* de SIGs disponíveis no mercado possuem de várias ferramentas para o trabalho com essa tecnologia.

Pode-se conceituar *sensoriamento remoto* (do inglês *remote sensing*; em certos países de língua portuguesa, são utilizados os termos detecção remota ou teledetecção – *percepción remota* ou *teledetección*, em espanhol) como a "técnica que utiliza sensores para a captação e registro à distância, sem o contato direto, da energia refletida ou absorvida pela superfície terrestre" (Fitz, 2008, p. 109).

O conceito faz uso do termo "sensores", os quais, dentro do contexto apresentado, podem ser entendidos como dispositivos capazes de captar a energia refletida ou emitida por uma superfície qualquer e registrá-la na forma de dados digitais diversos (imagens, gráficos, dados numéricos etc.). Estes, por sua vez, são passíveis de serem armazenados, manipulados e analisados por meio de *softwares* específicos.

Para a aquisição de dados pelos sensores, devem existir os seguintes elementos básicos:
- fonte/energia radiante (solar, por exemplo);
- objeto de visada (alvo na superfície); e
- sistema de imageamento óptico e detector (sensor).

## 6.1 Tipos de Sensores

Os sensores podem ser classificados de formas diferenciadas. Com relação à origem da fonte de energia, eles podem ser *ativos* ou *passivos*.

Os *sensores ativos* são aqueles que possuem uma fonte de energia própria. Eles mesmos emitem uma quantidade suficiente de energia na direção dos alvos para captar a sua reflexão. O Radar (do inglês *Radio Detection and Ranging*, que, resumidamente, designa um equipamento utilizado para gerar ou receber dados por meio de ondas de rádio, possibilitando, em especial, a localização e o rastreamento de objetos situados na superfície terrestre) é um exemplo desse tipo de sensor. Uma filmadora com *spot* de luz acoplado ou uma câmera fotográfica que use *flash* também podem ser classificadas como sensores ativos.

Os *sensores passivos*, por sua vez, não possuem fonte própria de energia e necessitam de fontes externas para a captação da reflexão dos alvos, como a energia solar. Tanto uma filmadora quanto uma câmera fotográfica desprovidas de *spot* ou *flash* enquadram-se nessa categoria. Nela situam-se também outros imageadores, como os por varredura, que conseguem captar a imagem de um alvo com alta resolução espectral. Essa característica será mais bem detalhada adiante.

Outra forma de classificar os sensores é em função do produto gerado. Os *sensores não imageadores* traduzem os dados coletados sob a forma de gráficos e dados digitais diversos.

Por outro lado, os *sensores imageadores* são aqueles que traduzem a informação coletada na forma de uma imagem, semelhante a uma fotografia. Esses sensores podem adquirir a imagem de uma determinada região instantaneamente, como com relação aos sistemas

**6** Sensoriamento Remoto e Sistemas de Informações Geográficas

*fotográfico* e por *quadro* (*frames*) ou por varredura (*scanning*), quando a área a ser imageada é "varrida" faixa por faixa pelo sistema sensor.

As imagens de satélite apresentadas diariamente na televisão com informações sobre o deslocamento de massas de ar para as previsões meteorológicas necessitam da radiação solar para a sua captação.
Da mesma forma, a maior parte das imagens disponibilizadas na rede mundial de computadores provém de sensores passivos.

## 6.2 A Radiação Eletromagnética (REM)

Algumas breves explicações se fazem necessárias para que o leitor não habituado com o uso da terminologia técnica específica possa se situar. Primeiramente, serão tecidas algumas considerações bastante gerais sobre física elementar para depois serem estabelecidas algumas relações diretas com a tecnologia do sensoriamento remoto.

A Fig. 6.1 mostra uma corda sendo movimentada verticalmente; portanto, com certa energia sendo transmitida a ela. É estabelecido, assim, um sistema ondulatório. O sistema apresentado necessita, conforme pode ser deduzido, de um meio físico para a sua propagação: a corda.

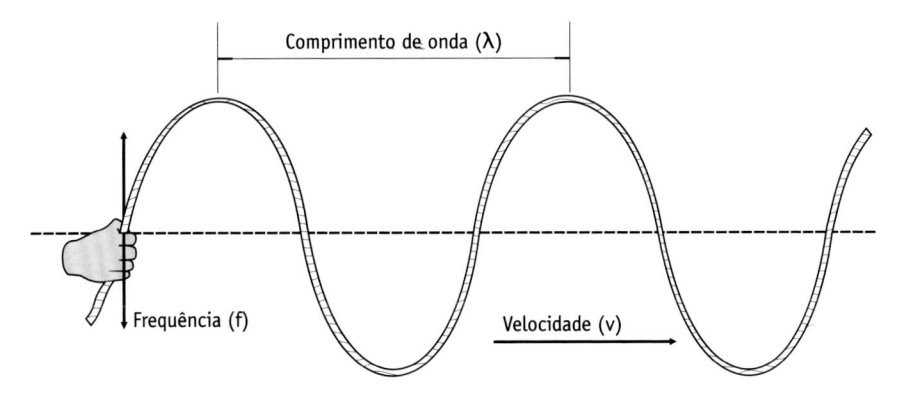

**Fig. 6.1** *Movimento vertical executado em corda*

Entre as múltiplas observações que podem ser descritas a partir da figura, tem-se que, quanto mais rapidamente movimentarmos a corda, tanto mais curtas serão as ondas, ou seja, quanto maior a frequência do movimento, tanto menor o comprimento de onda, e vice-versa.

A relação entre o comprimento de onda ($\lambda$), a frequência ($f$) e a velocidade de propagação da onda ($v$) é dada por:

$$\lambda = v/f \qquad (6.1)$$

Como se sabe, a Terra recebe energia vinda do Sol, parte da qual é absorvida e outra parte é refletida na direção do cosmos. O Sol, que possui uma temperatura superficial de, aproximadamente, 6.000°C, emite uma quantidade enorme de energia em direção à Terra.

A radiação solar incidente na superfície terrestre e por ela refletida pode ser captada por sensores acoplados em satélites artificiais que orbitam o planeta. Um singelo esquema do efeito pode ser observado na Fig. 6.2.

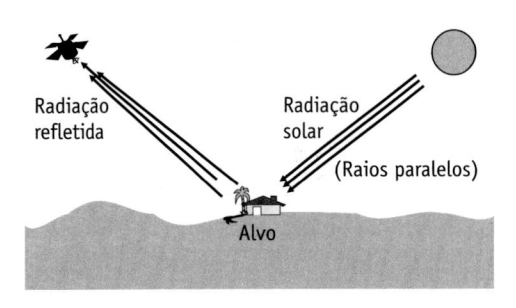

**Fig. 6.2** *Reflexão da energia solar por um alvo*

A *radiação solar* é do tipo *eletromagnética* (REM), sendo constituída por ondas com diversas características físicas. Estas, entretanto, não necessitam de um meio para a sua propagação, como o sistema apresentado na Fig. 6.1, por exemplo.

O Sol é a mais importante fonte natural de REM e, ao interagir com a superfície da Terra, proporciona a ocorrência de diversos fenômenos físicos. Entre eles, destacam-se os relacionados à absorção, ao aquecimento, à reflexão e à transmissão de energia.

Dois campos energéticos advindos desse tipo de radiação – o elétrico e o magnético – são perpendiculares entre si e oscilam ortogonalmente, um em relação ao outro, no sentido de propagação da onda, como se procura exemplificar na Fig. 6.3. Fisicamente, é possível ser demonstrado que um campo elétrico gera um campo magnético e um campo magnético gera um campo elétrico.

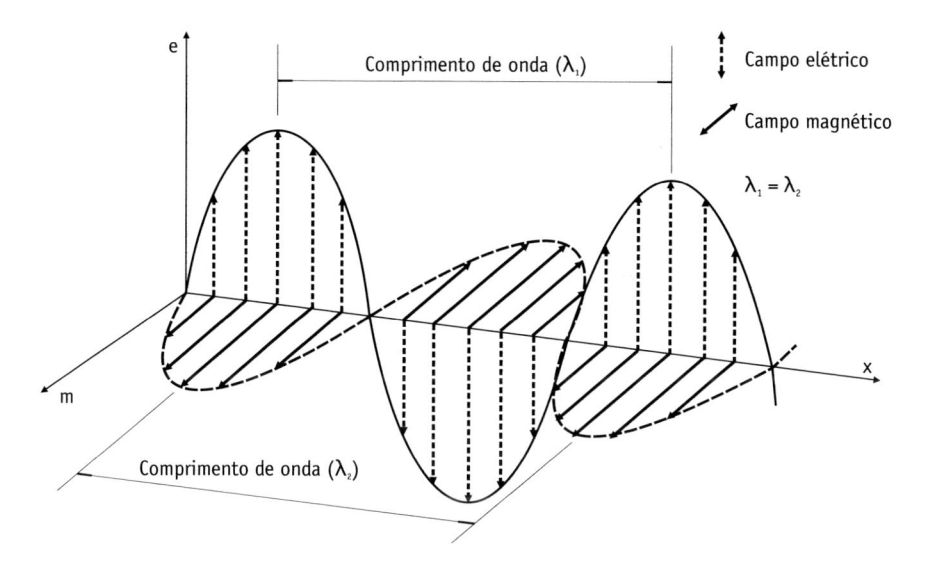

# 6 Sensoriamento Remoto e Sistemas de Informações Geográficas

**Fig. 6.3** *Campos elétrico e magnético advindos da REM*

Voltando-se à relação entre comprimento de onda, frequência e velocidade de propagação, a qual, no vácuo, é constante e igual à da velocidade da luz ($c$), ou seja, 300.000 km/s, tem-se que, para a REM, a Eq. 6.1 fica:

$$\lambda = c/f \qquad (6.2)$$

Conforme pode ser constatado a partir das Eqs. 6.1 e 6.2, o comprimento de onda é inversamente proporcional à frequência. Essa consideração torna-se importante no contexto descrito, na medida em que os comprimentos de onda da radiação eletromagnética podem ser muito pequenos. Em função disso, muitas vezes eles são apresentados em subunidades do metro, como o micrômetro (1 µm = 0,000001 m = $10^{-6}$ m) ou até o nanômetro (1 ηm = 0,000000001 m = $10^{-9}$ m). De forma inversa, as frequências podem assumir valores tão elevados que são apresentados em unidades como o Megahertz (1 MHz = 1.000.000 Hz = $10^{6}$ ciclos por segundo) ou o Gigahertz (1 GHz = 1.000.000.000 Hz = $10^{9}$ ciclos por segundo).

Com relação à REM, o seu registro se dá, com o instrumental disponível atualmente, numa faixa contínua que varia entre 1 Hz e 1.024 Hz, em termos de frequência, ou, no que diz respeito a comprimentos de onda, entre 0,01 Å (1 Angstrom = $10^{-10}$ m) e 108 m. A região situada entre esses extremos é conhecida por *Espectro Eletromagnético*. As porções situadas dentro desse espectro, baseadas nos comprimentos de onda ou frequências correspondentes, são conhecidas por *bandas* ou *faixas espectrais*. A Fig. 6.4 sintetiza o espectro eletromagnético.

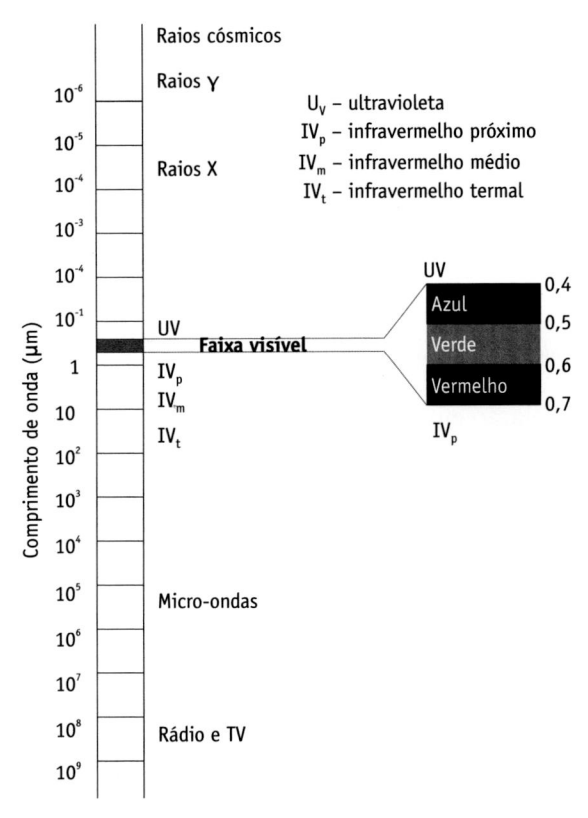

**Fig. 6.4** *Esquema do espectro eletromagnético*
Fonte: adaptado de Lilesand e Kiefer (1987 apud Eastman, 1995).

Algumas das principais faixas definidas dentro do espectro eletromagnético são conhecidas por:

⊕ *Faixa das ondas de rádio e TV*, as quais, conforme se pode deduzir, são muito utilizadas para comunicação. Possuem comprimentos de ondas variados (de 30 cm até vários quilômetros). As ondas de rádio com frequência próxima de 100 Hz podem ser refletidas pela ionosfera, o que propicia a cobertura de grandes distâncias, porém com bastante ruído.

# 6 Sensoriamento Remoto e Sistemas de Informações Geográficas

Quando as frequências são muito grandes, entre cerca de 30 MHz e 300 MHz – Very High Frequency (VHF) –, as emissões não atingem grandes distâncias, sendo, porém, pouco afetadas por ruídos da atmosfera.

- *Faixa das micro-ondas*, que apresenta bons resultados para sensores como o Radar, já que essa radiação é pouco afetada pela atmosfera (o efeito de nebulosidade é desprezível, por exemplo). As micro-ondas situam-se na faixa de 1 mm a 30 cm, ou cerca de 3 GHz a 300 GHz.
- *Faixa do infravermelho* (IV ou IR – InfraRed), largamente utilizada em trabalhos de sensoriamento remoto pelo fato de estar associada ao calor. Esse tipo de radiação é emitido por corpos aquecidos. A faixa do infravermelho está situada entre os comprimentos de onda de 0,7 μm a 1,0 mm, apresentando subdivisões: *infravermelho próximo* (entre 0,7 μm e 5 μm), *infravermelho médio* (entre 5 μm e 30 μm) e *infravermelho distante* (entre 30 μm e 1,0 mm). A porção situada entre cerca de 8 μm a 14 μm é chamada de *infravermelho termal*, pois nela se estabelecem as emissões máximas de calor de um corpo.
- *Faixa do visível*, que possui como principal característica a propriedade de abarcar os comprimentos de onda cuja radiação pode ser percebida pelo olho humano. Essa condição a transforma na principal porção do espectro eletromagnético para uso em sensoriamento remoto. A banda do visível possui comprimentos de onda situados entre cerca de 0,38 μm (violeta) e 0,74 μm (vermelho), apresentando, simplificadamente, as seguintes subdivisões:
  - Violeta: 0,380 μm a 0,440 μm
  - Azul: 0,440 μm a 0,485 μm
  - Ciano: 0,485 μm a 0,500 μm
  - Verde: 0,500 μm a 0,565 μm
  - Amarelo: 0,565 μm a 0,590 μm
  - Laranja: 0,590 μm a 0,625 μm
  - Vermelho: 0,625 μm a 0,740 μm
- *Faixa do ultravioleta* (UV), cuja radiação é essencial para a existência da vida na Terra, mas que também pode causar danos ao ser humano (queimaduras, alergias ou câncer de

pele). É pouco utilizada para trabalhos em SR e ocupa uma grande faixa do espectro, de cerca de 100 ηm a 400 ηm.
- *Raios X*, bastante utilizados na área da saúde, ocupando os comprimentos de onda situados entre, aproximadamente, 0,05 Å e 0,01 μm.
- *Raios gama*, com enorme frequência e o menor tamanho de onda de todo o espectro eletromagnético, excetuando-se os raios cósmicos, com cerca de 1 picômetro (pm), ou seja, 0,01 Å, ou, ainda, $10^{-12}$ m.
- *Raios cósmicos*, radiações naturais com grande poder de penetração, que têm seu efeito absorvido pela atmosfera terrestre. Possuem o menor comprimento de onda do espectro eletromagnético.

### 6.2.1 A REM E A PERCEPÇÃO DAS CORES

A percepção das cores pelo olho humano diz respeito à ação de um fenômeno que ocorre na retina, em que os raios de luz são absorvidos, processados e transmitidos para o cérebro. A luz branca, que apresenta todas as cores do espectro visível, pode ser decomposta, como já comentado. A visão de um arco-íris, por exemplo, identifica a decomposição da luz solar (branca) nas cores visíveis do espectro, desde o violeta até o vermelho. Já a ausência de luz é interpretada, portanto, como a cor preta.

Cada uma das cores apresentadas por um objeto será identificada diferentemente pelo ser humano, de acordo com as características dos comprimentos de onda emitidos pelo objeto. Um determinado alvo responderá de forma diferenciada na proporção em que absorver ou refletir mais ou menos determinadas radiações. Assim, um objeto é visto como azul quando refletir essa cor, isto é, quando absorver radiações cujos comprimentos de onda estão fora dessa faixa do espectro.

Em uma imagem digital no formato matricial, pode-se estabelecer diferentes espaços de cor. Os mais utilizados são o RGB e o CYMK.

O sistema RGB – abreviatura do inglês *Red* (vermelho), *Green* (verde) e *Blue* (azul) – baseia-se no princípio físico de que as diferenças

# 6 Sensoriamento Remoto e Sistemas de Informações Geográficas

cromáticas são resultado da projeção da luz branca através de filtros de tais cores. Esse espaço é o mais usado em imagens digitais.
A superposição da projeção individual de cada um dos raios ou focos de luz através de filtros nas cores azul, verde e vermelha em uma tela resulta na cor branca (adição das três cores) e em outras cores derivadas, produzidas pela adição par a par dessas cores. A Fig. 6.5 (p. 106) apresenta uma simulação desse efeito. As cores azul, verde e vermelha são chamadas de cores primárias aditivas.

Conforme pode ser observado nessa figura, algumas cores podem ser produzidas por meio da adição de duas cores primárias aditivas, ou seja:
- Azul + verde = ciano
- Azul + vermelho = magenta
- Verde + vermelho = amarelo

A escala de tons de cada uma das cores no espaço RGB varia de 0 (mais escuro) a 255 (mais claro), ou seja, equivale a arquivos de oito *bits*. Assim, dentro desse espaço, tem-se que, quando os valores de cada um dos tons de suas cores atingirem um mesmo número, obter-se-á como resultado um tom de cinza mais ou menos próximo da cor branca.
A Tab. 6.1 apresenta algumas características de tonalidades na escala do cinza.

**Tab. 6.1** Tons de cinza derivados da combinação de cores dentro do espaço RGB

| Tom de cinza | R (vermelho) | G (verde) | B (azul) |
|---|---|---|---|
| Branco | 255 | 255 | 255 |
| Cinza-claro | 220 | 220 | 220 |
| Cinza médio | 150 | 150 | 150 |
| Cinza-escuro | 80 | 80 | 80 |
| Preto | 0 | 0 | 0 |

O sistema CYMK – abreviatura do inglês *Cyan* (ciano), *Magenta* (magenta), *Yellow* (amarelo) e *Black* (preto) – trabalha o fenômeno da absorção da luz. A sua observação está, portanto, relacionada à porção da luz emitida que não foi absorvida pelo alvo. Trata-se, na verdade, de uma derivação do RGB, sendo bastante utilizado na impressão de mapas e imagens coloridas. As cores desse espaço são conhecidas como subtrativas, pois a sobreposição de ciano, magenta e amarelo resulta na cor preta, já vista como a ausência de cor. A Fig. 6.6 apresenta as cores do sistema CYMK. Pode-se dizer que esse sistema é o oposto do sistema RGB (ver Fig. 6.5), pois, com o uso de filtros, pode-se obter, a partir da luz branca:

- o ciano, resultado da subtração do vermelho;
- o magenta, resultante da subtração do verde; e
- o amarelo, cor resultante da subtração do azul.

**Fig. 6.5** *Simulação da mistura de cores aditivas*

**Fig. 6.6** *Simulação de mistura de cores subtrativas*

## 6.3 REM e a Interferência da Atmosfera

A energia solar que incide sobre o Planeta necessariamente encontra a atmosfera terrestre antes de prosseguir para um de seus três destinos: ser absorvida, ser refletida ou ser transmitida. Como foi apresentado, a radiação solar possui variados comprimentos de onda e diferentes frequências. Para se trabalhar sensoriamento remoto vinculado a estudos espaciais, afora as micro-ondas utilizadas pelo radar, a principal faixa de interesse situa-se entre o ultravioleta e o infravermelho termal. Essa região do espectro, entretanto, sofre os efeitos da atmosfera terrestre e, de acordo com o comprimento de onda emitido, haverá uma maior ou menor resistência dessa região.

# 6 Sensoriamento Remoto e Sistemas de Informações Geográficas

As micro-ondas utilizadas pelo radar não sofrem influência significativa das nuvens. O uso de tal tecnologia é, portanto, mais eficaz do que imagens provenientes de sensores passivos tradicionais. Essas porções do espectro são conhecidas como *janelas atmosféricas*.

A existência de certos elementos na atmosfera terrestre exerce influência significativa em determinadas faixas do espectro eletromagnético. As chamadas bandas de *absorção atmosférica* podem gerar dois tipos básicos de fenômenos: a *absorção da energia* propriamente dita, proporcionada pela presença de elementos como gases, aerossóis e vapor d'água; e sua dispersão, por meio de um *espalhamento de energia* provocado pelas características das ondas e pelo tamanho dos componentes atmosféricos. Um exemplo dos fenômenos descritos pode ser observado na presença de nuvens. A energia solar é absorvida pelos gases e vapor d'água nelas existentes e é dispersada ou espalhada. Quanto maior o volume da nuvem, tanto mais os efeitos serão percebidos e a coloração da nuvem passará de branca (pouca taxa de absorção e espalhamento) a cinza-escuro (alta taxa de absorção e espalhamento). A coloração azul do céu (presença de vapor d'água) e suas variações para tons amarelo-avermelhados no início e no final do dia (presença de partículas – poeiras e aerossóis – com tamanhos diversos) são outro exemplo do espalhamento da energia solar.

Outros efeitos atmosféricos, como a questão do aquecimento global vinculado ao chamado "efeito estufa", não serão discutidos neste livro. Entretanto, pelo menos uma consideração geral merece ser destacada. Ela diz respeito ao necessário conhecimento da região estudada pelo profissional que faz uso das técnicas. Essa questão é de fundamental importância para uma correta interpretação de imagens. No caso da incidência solar, por exemplo, esta influirá na iluminação da superfície do Planeta e, dependendo de determinadas condições, poderá implicar falsas interpretações. O sombreamento provocado pela incidência dos raios solares em um terreno acidentado ou mesmo a reflexão provocada por uma nebulosidade mais intensa podem definir falsos padrões para os usuários menos avisados.

## 6.4 Obtenção de Imagens de Sensoriamento Remoto

A atmosfera, como já visto, interfere diretamente em certos produtos de sensoriamento remoto. As interferências por ela provocadas relacionam-se às localizações do alvo (na superfície terrestre) e do sensor (distante do alvo). Como os produtos mais importantes para se trabalhar as geotecnologias vinculam-se a imagens ou fotografias verticais, pode-se, então, considerar as seguintes situações:

- o sensor está instalado em uma aeronave situada em altitude preconcebida, cuja altura de voo é determinada, além das próprias características do avião, em função da distância focal da câmara e da escala desejada para as fotos ou imagens; ou
- o sensor está localizado em um satélite artificial lançado na órbita terrestre.

No primeiro caso, pode-se obter dois produtos: fotografias aéreas convencionais (películas) ou digitais e imagens de radar, mediante o uso desses tipos de sensores acoplados ao avião. No segundo caso, também se pode obter imagens de radar ou outras imagens digitais em bandas específicas do espectro. Tanto os produtos gerados em levantamentos aéreos quanto por satélites serão tratados como imagens de sensoriamento remoto ortorretificadas, isto é, consideradas como possuidoras de uma projeção ortográfica.

### 6.4.1 Levantamentos aéreos

Os levantamentos realizados com aeronaves especialmente adaptadas para os trabalhos podem gerar produtos como imagens fotográficas analógicas ou digitais e imagens de radar. Para ambos os casos, o primeiro passo a ser dado diz respeito ao planejamento do voo. As etapas seguintes variam de acordo com o produto a ser gerado (fotografia digital ou analógica, ou, ainda, imagem de radar).

### Levantamentos aerofotogramétricos

No caso de fotografias aéreas para elaboração de um mapa, os procedimentos podem ser descritos como segue:

- *Planejamento do voo*, com base em estudo teórico-prático da região a ser recoberta;

- *Execução do voo*, com os equipamentos adequados e observando todos os quesitos relacionados às condições meteorológicas necessárias, horário para a tomada das fotos etc;
- *Revelação do filme* (no caso de fotos convencionais) e posterior *verificação da qualidade da imagem* das fotos impressas ou no formato digital;
- Realização de *apoio terrestre* com a utilização de pontos de controle que devem estar presentes nos pares estereoscópicos;
- Processo de *fototriangulação*, ou *triangulação aérea*, no qual se analisam as imagens obtidas, a fim de que se estabeleça um controle geométrico da foto pelo processo de triangulação;
- Processo de *restituição fotogramétrica*, ou *aerorrestituição*, que visa à confecção de um mapa com a utilização de aparelhagem adequada, a partir das aerofotos obtidas no levantamento realizado;
- Processo de *estereocompilação*, no qual as características altimétricas e planimétricas são compiladas e adaptadas a uma mesma escala;
- Processo de *reambulação*, quando é realizada uma verificação das aerofotos visando à identificação de características do terreno que não foram ou não puderam ser interpretadas adequadamente (topônimos, classificação ou tipos de rodovias, detalhes escondidos pela vegetação, limites políticos etc.);
- Elaboração, ajustes e impressão do mapa final.

Tais levantamentos referem-se ao uso de fotografias aéreas verticais, ou seja, aerofotos com ângulo de inclinação menor do que três graus.

Especificamente com relação ao voo aerofotogramétrico, torna-se necessário o estabelecimento da direção das linhas de voo, a qual se dá, preferencialmente, nos sentidos norte-sul ou leste-oeste. Da mesma forma, devem existir faixas de superposição entre as fotos adjacentes, para que não se perca nenhuma informação e para que se possa obter dados altimétricos. Igualmente, o voo deve ser planejado de tal forma que as fotos tenham, entre duas faixas de voo paralelas, um *recobrimento lateral "sidelap"* situado entre cerca de 20% e 30%, a fim de que eventuais problemas de identificação em uma imagem possam ser cobertos por uma foto da faixa vizinha. Por outro lado, deve-se observar que as fotos tenham, numa mesma linha de voo, um *recobrimento longitudinal "overlap"* situado entre, aproximadamente, 50% e 60%, a fim de que se possa obter estereoscopia entre cada par de fotos tomadas em sequência. As Figs. 6.7 e 6.8 apresentam essas condições.

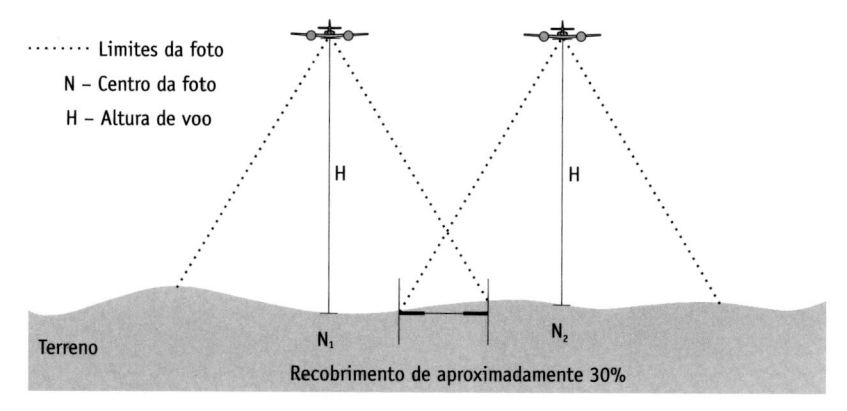

**Fig. 6.7** *Recobrimento lateral de 30%*

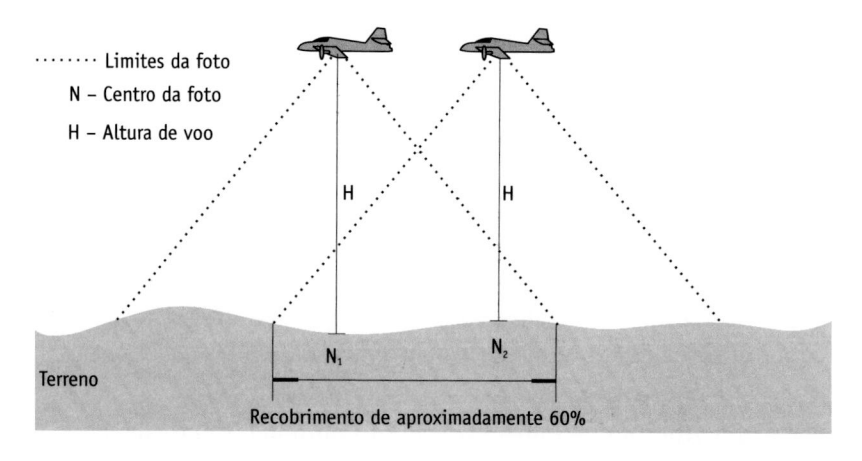

**Fig. 6.8** *Recobrimento longitudinal de 60%*

Conforme pode ser deduzido, um levantamento dessa natureza requer uma série de equipamentos e penosos procedimentos que o tornam bastante custoso. Os produtos gerados possuem, em geral, boa qualidade técnica, mas vida útil relativamente curta, dada a dinamicidade do espaço geográfico. A execução de voos com

# 6 Sensoriamento Remoto e Sistemas de Informações Geográficas

equipamento digital reduz substancialmente custos e procedimentos intermediários.

### Levantamentos com sistemas de radar

As imagens obtidas por meio de sistemas de radar acoplados em aeronaves (ou em satélites) vêm sendo objeto de crescente utilização. Em geral, para fins de sensoriamento remoto, utiliza-se a faixa de frequência das micro-ondas, pois nessa porção do espectro eletromagnético há pouca interferência da atmosfera terrestre. A nebulosidade, por exemplo, não interfere na qualidade da imagem gerada, o que é bastante satisfatório para regiões de clima tropical úmido.

O uso do radar é recomendado para certas aplicações, visto que esse sistema permite:
- obter imagens de resoluções espaciais diversas;
- observar diferentes detalhes em feições como ondas do mar, estruturas geológicas e geomorfológicas, umidade do solo etc.; e
- realizar a observação da superfície terrestre, independentemente de nebulosidade, precipitação ou falta de luz solar.

Entendendo o radar como um sensor ativo, pode-se extrair suas principais funções:
- transmitir energia por meio de sinais de rádio (micro-ondas) na direção de um alvo; e
- receber o retorno (eco) de uma porção da energia transmitida e registrar a sua intensidade.

Os radares utilizados em sensoriamento remoto são denominados radares de abertura sintética – *Synthetic Aperture Radar* (SAR). Esses sistemas coletam os dados ao se deslocar ao longo de sua trajetória, dada pela faixa de voo da aeronave (ou satélite), por meio da chamada visada lateral. O imageador envia ondas eletromagnéticas para a superfície terrestre, recebe o seu eco e realiza o seu registro. Em seguida, o sinal é processado para a geração de imagens digitais. A Fig. 6.9 apresenta um esquema desse processo.

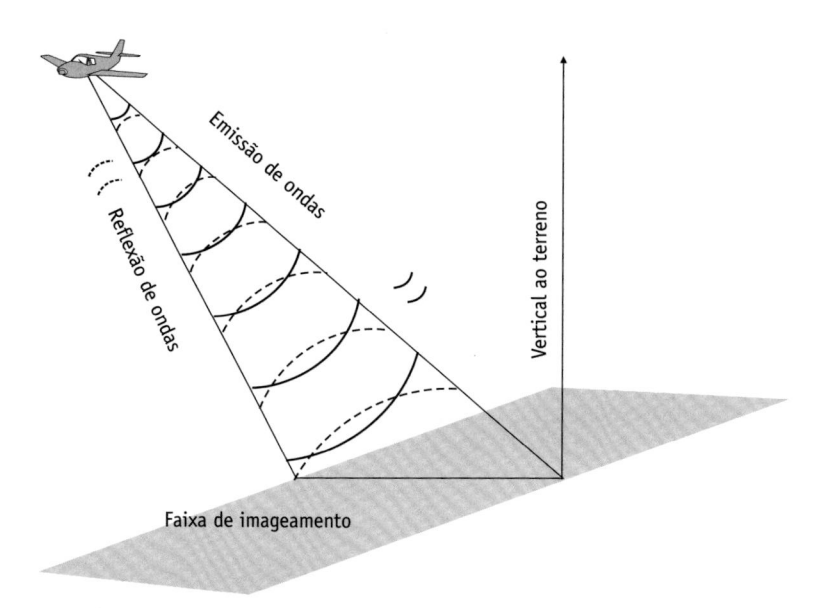

**Fig. 6.9** *Esquema da emissão e reflexão de ondas com o uso de radar*

### 6.4.2 Sensores instalados em satélites

Além de levantamentos aéreos, os produtos de sensoriamento remoto podem ser obtidos por meio de imageadores acoplados em satélites artificiais colocados na órbita terrestre. Aliás, convém destacar que o termo sensoriamento remoto muitas vezes tem sido compreendido apenas como imageamento produzido por sensores dispostos em satélites. Espera-se que o leitor já tenha sido informado suficientemente para compreender a extensão do conceito.

Em termos bem gerais, o que diferencia as duas formas de obtenção de imagens relaciona-se, entre outros aspectos, à altitude em que se encontra o sensor. Derivando dessa condição, percebe-se outra diferenciação, talvez a mais significativa, que diz respeito à chamada resolução temporal dos satélites, ou seja, o período predeterminado de obtenção das imagens ou cenas. Nesse sentido, tem-se que, uma vez lançado o satélite, ele procederá à aquisição das cenas dentro de sua vida útil e não terá gastos indiretos, como combustível e pessoal técnico embarcado, como no caso do uso de aviões.

Estruturalmente, os satélites podem ser classificados em *orbitais*, quando circulam em órbitas diversas do Planeta, ou *geoestacionários*, quando se encontram numa mesma posição em relação a um ponto situado na superfície terrestre.

### Satélites orbitais

Os satélites *orbitais* utilizados para sensoriamento remoto devem, preferencialmente, cumprir certos requisitos básicos, como possuir:

- órbitas circulares, garantindo que imagens de diferentes porções da superfície tenham resolução e escala iguais;
- órbitas que permitam uma visada periódica das faixas de observação;
- órbitas do tipo heliossíncronas, ou seja, síncronas com o Sol para que as condições de iluminação se mantenham inalteradas;
- órbitas adequadas a um horário padrão para as informações desejadas.

Os satélites orbitais utilizados em sensoriamento remoto podem possuir *órbitas polares* (que passam próximas dos polos, com inclinação de cerca de 90° em relação ao plano do equador) ou *equatoriais* (situadas próxima ao plano do equador, com inclinação próxima de 0°). Em geral, os satélites com órbitas polares estão localizados em altitudes mais baixas, de até 2.000 m, ao passo que os satélites de órbita equatorial encontram-se em altitudes mais elevadas.

Os sistemas da série Landsat, o Cbers, o Spot e tantos outros se enquadram nessa categoria (orbitais). A Tab. 6.2 apresenta as principais características de alguns dos satélites mais utilizados.

Como pode ser observado nessa tabela, as resoluções variam muito de satélite para satélite. Esse assunto, de suma importância para trabalhos em sensoriamento remoto, será abordado no item 6.5.

### Satélites geoestacionários

Os satélites *geoestacionários* são lançados no espaço de tal forma que venham a permanecer numa posição que lhes permita um deslocamento com igual velocidade e mesmo sentido do movimento de rotação terrestre. Assim, esses satélites movem-se em um tempo igual ao período de rotação da Terra no plano do seu equador, em altitudes próximas de 35.800 km, ponto onde as forças centrífuga e centrípeta do Planeta se anulam.

**Tab. 6.2** Características de alguns satélites de SR

| Sistema | Altitude (km) | Resolução temporal (dias) | Resolução espectral por bandas (em μm) e resolução espacial (em metros) |
|---|---|---|---|
| Landsat TM 5 | 705 | 16 | B1: 0,45 - 0,52 μm (azul – 30 m)<br>B2: 0,52 - 0,60 μm (verde – 30 m)<br>B3: 0,63 - 0,69 μm (vermelho – 30 m)<br>B4: 0,76 - 0,90 μm (infravermelho próximo – 30 m)<br>B5: 1,55 - 1,75 μm (infravermelho médio – 30 m)<br>B6: 10,4 - 12,5 μm (infravermelho termal – 120 m)<br>B7: 2,08 - 2,35 μm (infravermelho distante – 30 m) |
| Landsat ETM + 7 (indisponível desde 2003) | 705 | 16 | B1: 0,45 - 0,52 μm (azul – 30 m)<br>B2: 0,52 - 0,60 μm (verde – 30 m)<br>B3: 0,63 - 0,69 μm (vermelho – 30 m)<br>B4: 0,76 - 0,90 μm (infravermelho próximo – 30 m)<br>B5: 1,55 - 1,75 μm (infravermelho médio – 30 m)<br>B6: 10,4 - 12,5 μm (infravermelho termal – 60 m) |
| Cbers-2 (CCD) | 778 | 26 | B1: 0,45 - 0,52 μm (azul – 20 m)<br>B2: 0,52 - 0,59 μm (verde – 20 m)<br>B3: 0,63 - 0,69 μm (vermelho – 20 m)<br>B4: 0,77 - 0,89 μm (infravermelho próximo – 20 m)<br>B5: 0,51 - 0,73 μm (pancromática – 20 m) |
| Ikonos II | 680 | 2,9 | B1: 0,45 - 0,52 μ (azul – 4 m)<br>B2: 0,52 - 0,60 μ (verde – 4 m)<br>B3: 0,63 - 0,69 μ (vermelho – 4 m)<br>B4: 0,76 - 0,90 μm (infravermelho próximo – 4 m)<br>Bpan: 0,45 - 0,90 μm (pancromática – 1 m) |
| Spot | 832 | 26 | B1: 0,50 - 0,59 μ (20 m)<br>B2: 0,61 - 0,68 μ (20 m)<br>B3: 0,79 - 0,89 μ (20 m)<br>Bpan: 0,51 - 0,73 μm (pancromática – 10 m) |
| Quick Bird | 450 | 1,9 a 10 | B1: 0,45 - 0,52 μ (azul – 2,4 m)<br>B2: 0,52 - 0,60 μ (verde – 2,4 m)<br>B3: 0,63 - 0,69 μ (vermelho – 2,4 m)<br>B4: 0,76 - 0,90 μm (infravermelho próximo – 4 m)<br>Bpan: 0,45 - 0,90 μm (pancromática – 0,60 m) |

Fontes: adaptado de <http://www.nasa.gov/>, <http://www.inpe.br> e <http://www.engesat.com.br>.

Em termos de sensoriamento remoto, os satélites geoestacionários são utilizados para a obtenção de imagens que auxiliam sobremaneira

# 6 Sensoriamento Remoto e Sistemas de Informações Geográficas

as previsões meteorológicas. A posição relativa dos satélites permite a visualização periódica (intervalos de 30 minutos, por exemplo) de grandes extensões de uma mesma porção da Terra. A escala das imagens, portanto, será muito pequena, com resolução espacial na faixa do quilômetro (*pixels* com mais de 1 km).

A Tab. 6.3 apresenta algumas das características do satélite norte-americano Geostationary Operational Environmental Satellite (Goes) e do satélite europeu Meteosat Second Generation (MSG-1).

**Tab. 6.3** Características dos satélites Goes e MSG-1

| Sistema | Resolução temporal | Resolução espectral por bandas, em µm e resolução espacial em quilômetros |
|---|---|---|
| Goes | 15 a 60 minutos | B1: 0,55 - 0,75 µm (visível – 1 km)<br>B2: 3,80 - 4,00 µm (infravermelho médio – 4 km)<br>B3: 10,20 - 11,20 µm (infravermelho termal – 4 km)<br>B4: 11,5 - 12,5 µm (infravermelho termal – 4 km)<br>B5: 6,50 - 7,00 µm (vapor d'água – 8 km) |
| MSG-1 | 15 minutos | VIS 0,6: 0,56 - 0,71 µm (visível – 3 km)<br>VIS 0,8: 0,74 - 0,88 µm (visível – 3 km)<br>NIR 1,6: 1,50 - 1,78 µm (infravermelho próximo – 3 km)<br>IR 3,9: 3,48 - 4,36 µm (infravermelho – 3 km)<br>WV 6,2: 5,35 - 7,15 µm (vapor d'água – 3 km)<br>WV 7,3: 6,85 - 7,85 µm (vapor d'água – 3 km)<br>IR 8,7: 8,30 - 9,10 µm (infravermelho – 3 km)<br>IR 9,7: 9,38 - 9,94 µm (infravermelho – 3 km)<br>IR 10,8: 9,80 - 11,8 µm (infravermelho – 3 km)<br>IR 12,0: 11,0 - 13,0 µm (infravermelho – 3 km)<br>IR 13,4: 12,4 - 14,4 µm (infravermelho – 3 km)<br>HRV: 0,40 - 1,10 µm (visível - alta resolução – 1 km) |

Fontes: adaptado de <http://www.inpe.br>, <http://www.eumetsat.int> e <http://pt.allmetsat.com>.

## 6.5 Resoluções de Imagens de Sensoriamento Remoto

Nos parágrafos e tabelas anteriores, foram referidas diferentes resoluções para as imagens de sensoriamento remoto. Essas resoluções dependerão de características específicas definidas pelas próprias imagens coletadas. Assim, tem-se:

- *resolução temporal*, ou seja, o espaço de tempo que o sensor leva para a obtenção de cada cena. O satélite sino-brasileiro Cbers-2, lançado em 21 de outubro de 2003, por exemplo, capta imagens de 26 em 26 dias. Sua resolução temporal é, portanto, de 26 dias;

- *resolução espacial*, entendida como a capacidade óptica do sensor em função do seu campo de visada, o *Instantaneous Field of View* (Ifov). Essa resolução pode ser traduzida como a área real abrangida no terreno por cada *pixel* correspondente na imagem. No caso de imagens de satélite, o Ifov varia principalmente em função da finalidade na utilização das imagens. O Cbers-2 apresenta uma câmera imageadora com alta resolução espacial (20 m), ou seja, cada *pixel* da imagem representa uma dimensão do terreno de 20 m por 20 m (400 m$^2$). Já o satélite Ikonos chega a uma resolução espacial de 1 m na banda pancromática, ou seja, pode-se distinguir objetos maiores do que 1 m$^2$;
- *resolução espectral*, dada pela banda espectral suportada pelo equipamento, ou seja, pela capacidade de absorção (número de canais) do sensor utilizado em função do intervalo do comprimento de onda utilizado pelo mesmo. O Cbers-2 possui 5 (cinco) bandas, ao passo que o Landsat TM5 possui 7 (sete);
- *resolução radiométrica*, relacionada com a quantidade de níveis digitais presentes em uma imagem, vinculando-se com a qualidade desejada da imagem: quanto maiores forem os níveis digitais, tanto maior será a resolução radiométrica. Esse atributo digital, representado pelos níveis de cinza (ou cores) de uma imagem, é normalmente apresentado na forma de valores binários, ou *bits*, necessários para o seu armazenamento; e
- *resolução digital*, dada pela quantidade de *pixels* ou pontos por polegada (dpi) desejada pelo usuário (ver itens 4.1 e 4.2). Em geral, utilizada para digitalização e/ou impressão de arquivos.

Como já visto, os *bits* são sempre expressos em potências de 2. Assim, 1 *bit* significa $2^1$ = 2 tons ou níveis de cinza (preto e branco, no caso); 8 *bits*, $2^8$ = 256 níveis de cinza; 16 *bits*, $2^{16}$ = 65.536 níveis, e assim por diante.

Para que se tenha uma ideia do significado prático das resoluções, apresenta-se a Fig. 6.10, que simula uma comparação de resoluções espaciais aproximadas de 20 m (imagem do satélite Cbers-2) e 1 m (imagem Ikonos), respectivamente.

# 6 Sensoriamento Remoto e Sistemas de Informações Geográficas

Da mesma forma, a Fig. 6.11 sugere uma mesma imagem com diferentes resoluções radiométricas (8 *bits* e 1 *bit*).

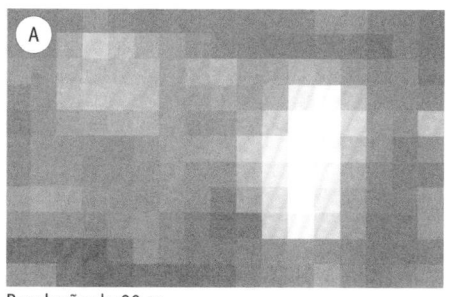

Resolução de 20 m  Resolução de 1 m

**Fig. 6.10** *Comparação entre resoluções espaciais*
*Fonte: (a) disponível em <www.inpe.br>; (b) cortesia de Geotec Planejamento e Consultoria Ltda.*

Tons de cinza 8 *bits*  Preto e branco 1 *bit*

**Fig. 6.11** *Comparação entre resoluções radiométricas*

Como já colocado, a utilização de imagens com diferentes tipos de resolução dependerá da finalidade do trabalho desenvolvido. Nesse sentido, a escolha da escala de trabalho é de fundamental importância. Para sua segurança, sugere-se revisitar o Cap. 3.

## 6.6 Interpretação de Imagens de Sensoriamento Remoto

Como se procurou demonstrar até aqui, existe uma estreita vinculação entre sensoriamento remoto com as demais geotecnologias. A interpretação de imagens e sua classificação digital talvez se constituam na melhor tradução dessa interação.

A interpretação das imagens geradas por sensoriamento remoto obedece aos princípios básicos da interpretação aerofotogramétrica. As diferenciações entre a interpretação de fotos aéreas, imagens de radar e imagens de satélite encontram-se basicamente na análise da resolução espectral e da escala de estudo (resolução espacial). Assim, as fotografias aéreas, possuindo, em princípio, melhor resolução espacial, são preferencialmente interpretadas pela capacidade de análise do fotointerpretador em termos de comparação com os elementos reais naturais. As imagens de radar e de satélite, em função de suas possibilidades de resolução espectral, permitem o uso de ferramentas mais sofisticadas.

### 6.6.1 A FOTOINTERPRETAÇÃO

Em termos gerais, pode-se conceituar *fotointerpretação* como a técnica que realiza o estudo de imagens fotográficas, buscando identificar, interpretar e obter informações sobre os fenômenos e objetos nelas contidos. Apesar de, conceitualmente, a fotointerpretação estar tradicionalmente vinculada à aerofotogrametria (aerofotointerpretação), ela pode ser estendida à interpretação de imagens de satélite e de radar, ao menos quando trabalhadas na faixa do visível. Em todos os casos, tem-se sempre que a imagem captada deva ser vertical ou próxima disso.

A interpretação visual de fotos e, decorrentemente, de imagens de satélite e de radar, baseia-se, portanto, na percepção do intérprete, o qual deverá estar familiarizado com o local do trabalho. Torna-se interessante, portanto, a realização de um estudo das características geográficas da região onde o levantamento foi realizado. O conhecimento prévio da vegetação predominante, do tipo climático, do relevo, dos principais tipos de cultivo, entre outros aspectos percebidos na área de estudo, pode evitar problemas futuros.

Conforme pode ser entendido, a fotointerpretação deve levar em consideração determinados aspectos tidos como fundamentais para uma boa análise do terreno levantado. Um primeiro e, possivelmente, dos mais importantes, diz respeito à utilização da *estereoscopia*, fenômeno que proporciona a visão tridimensional. Além da possibilidade de perceber a profundidade do relevo, é possível medir suas altitudes a partir de pontos conhecidos. A interpretação e a mensuração da superfície trabalhada tornam-se, dessa forma, bastante facilitadas.

Outro importante elemento utilizado para caracterizar porções da superfície terrestre diz respeito à sua *forma*. Elementos geométricos retangulares presentes numa imagem poderão representar, por exemplo, edificações, lavouras etc. Estradas apresentam-se como linhas, em geral, regulares e bem definidas. Já os cursos d'água mostram aspectos bem menos regulares, em função do comportamento do modelado por onde escoam. Sua interpretação dar-se-á por meio da agregação de outros aspectos vinculados à existência de matas ciliares, vales etc.

O *tamanho* apresentado por um objeto é outra característica que deve ser observada pelo intérprete. A dimensão do alvo analisado está diretamente relacionada com a escala da imagem. Pode-se distinguir, assim, um loteamento residencial (casas de pequeno ou médio porte) de uma área constituída por indústrias (construções de maior porte), por exemplo.

A análise da *textura* dos objetos presentes em uma cena, que também é função da escala da imagem, traduz-se pelo agrupamento dos diferentes objetos presentes na cena, que provocam variações de tons mais ou menos pronunciadas em um reduzido espaço dela. Pode-se distinguir elementos com *texturas suaves* (um campo extenso) ou *ásperas* (uma floresta heterogênea) e *grosseiras* (um relevo extremamente movimentado) ou *finas* (uma planície). A textura pode ser, ainda, caracterizada como *homogênea* ou *heterogênea*. Uma área reflorestada, em geral, possui uma textura homogênea (árvores plantadas na mesma época, de mesma espécie, com alturas e colorações semelhantes), diferentemente de uma área com floresta nativa, normalmente com textura bastante variável (diferentes espécies, alturas e tons diversos).

O *padrão* apresentado por um ou por variados elementos existentes na superfície pode diagnosticar as suas características. Um pomar, por exemplo, dada sua organização, apresenta características próprias, com as árvores ocupando espaçamentos constantes e bem definidos no terreno.

Outra característica importante a ser destacada quanto à interpretação de imagens está relacionada à *localização* dos alvos no terreno. Objetos com mesma tonalidade, forma, padrão e textura podem ser confundidos entre si. Como exemplo, pode-se citar o caso de áreas inundáveis; estas devem localizar-se em porções baixas e planas do terreno. Outra situação diz respeito a rejeitos de pedreiras e de minas de explorações diversas, os quais devem estar próximos a elas, e assim por diante.

O *sombreamento* provocado pela luz solar é um aspecto bastante relevante no auxílio da interpretação de uma cena, inclusive na interpretação estereoscópica. A observação de que áreas situadas ao sul do trópico de Capricórnio terão as vertentes na direção sul sempre com sombras (vegetação em geral mais densa, escura e úmida) pode revelar características próprias da região. Nota-se, entretanto, que o sombreamento para um sensor ativo, como o Radar, depende de sua própria posição em relação ao alvo.

Um elemento que merece destaque é o da *tonalidade,* ou seja, o brilho do alvo observado, relacionado com a radiação absorvida ou refletida pelo alvo. Em se tratando de imagens pancromáticas, isto é, sensíveis a todas as cores do espectro, existe uma variação de tons de cinza para preto, quando há absorção de luz (presença de vegetação espessa, com diversos meios-tons de acordo com as diferenças de ramagem) ou de cinza para branco, quando há reflexão de luz (estrada, solo exposto ou área construída). No caso de imagens multiespectrais, os tons de cinza terão interpretações diferenciadas em função de suas posições relativas na escala do espectro eletromagnético.

Finalmente, a *coloração* de elementos das imagens, no caso do uso de filmes coloridos comuns ou infravermelhos, ou, ainda, de imagens provenientes de sensores multiespectrais, também vai depender da composição realizada com os comprimentos de onda disponíveis. Essa característica será mais bem explorada adiante.

# 6 Sensoriamento Remoto e Sistemas de Informações Geográficas

Conforme o leitor pode deduzir, a interpretação de imagens deve levar em consideração os diversos fatores descritos de maneira concomitante. Cada característica possui sua peculiaridade, a qual, por si só, não permite uma completa identificação e explicação dos fenômenos estudados. Tomando por exemplo uma imagem numa escala de 1:25.000, é possível que as tonalidades de uma lavoura qualquer e de uma área em pousio sejam idênticas, não sendo possível distingui-las. É necessário, portanto, encontrar outros fatores, como a textura, para a diferenciação dos elementos.

A Fig. 6.12 procura dar uma ideia bastante generalizada de como interpretar algumas das feições presentes em uma imagem de satélite seguindo alguns dos preceitos descritos anteriormente. O fragmento da imagem em questão, do satélite sino-brasileiro Cbers-2, do ano de 2004 – cujas imagens estão disponíveis para *download* gratuito em <http://www.dgi.inpe.br/CDSR>, tendo os direitos autorais reservados ao Inpe –, apresenta parte da região metropolitana de Porto Alegre, com destaque para a cidade de Canoas. Essa imagem pode perder um pouco de sua qualidade, em função de sua impressão. Alguns dos detalhes descritos poderão, portanto, ser de difícil identificação pelo leitor.

As porções identificadas com o *número 1* apresentam características específicas que, em função de seu padrão e de suas tonalidades e texturas, podem ser classificadas como áreas urbanizadas.

As áreas assinaladas com o *número 2* apresentam uma textura suave, com padrão bem definido, sendo classificadas como campos ou áreas cultivadas; em função da tonalidade de cinza, algumas porções também poderiam ser classificadas como solo exposto ou em preparo para o cultivo.

O *número 3* identifica áreas com tonalidades um pouco mais escuras que as anteriores, além de uma textura bastante mais rugosa, levando a concluir que se trata de porções de banhados, campos, mata arbustiva ou de pequeno porte; a localização da feição, próximo a cursos d'água, reforça essa indicação.

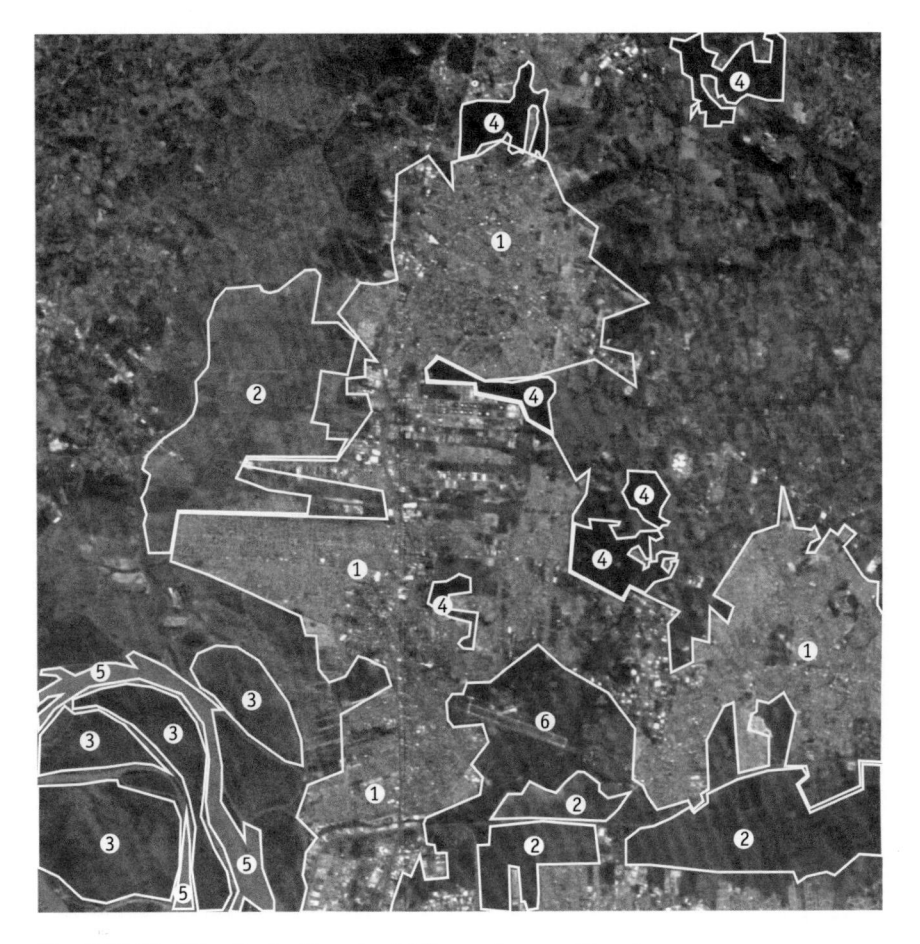

**Fig. 6.12** *Identificação de diferentes feições em imagem Cbers-2*

A interpretação da área que apresenta o *número 4*, em função da textura mais áspera, do sombreamento provocado e da sua forma, identifica pequenas porções florestadas.

A porção que apresenta o *número 5*, em função de sua forma, tonalidade, tamanho e localização, identifica os cursos d'água que atravessam a região.

O *número 6* identifica, finalmente, uma pista para aviões de grande porte. No caso, trata-se da Base Aérea de Canoas.

Como se pode observar, a interpretação visual de uma imagem vincula-se diretamente à percepção do intérprete, ao seu conhecimento da área e à sua competência profissional. Em se tratando de uma imagem em tons de cinza, tais condições acentuam-se.

### 6.6.2 Interpretação de imagens com base na REM

As imagens de radar e de satélite, por possuírem uma grande gama de recursos em termos espectrais, proporcionam análises mais minuciosas com relação às características físicas do meio natural. As imagens de um alvo, captadas em diferentes faixas do espectro eletromagnético, apresentam reflectâncias específicas, de acordo com o material encontrado. A Fig. 6.13 apresenta as reflectâncias da água, do solo e da vegetação presentes na superfície terrestre.

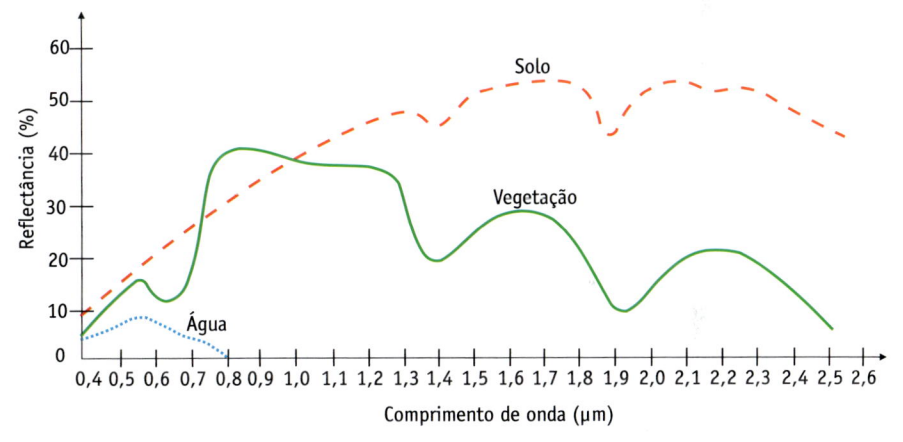

**Fig. 6.13** *Reflectância de determinadas superfícies*
*Fonte: adaptado de Richards (1986, p. 3).*

A análise interpretativa de uma imagem de satélite dependerá, assim, além das condições anteriores, do conhecimento técnico específico sobre o trabalho com imagens digitais.

### *Bandas do visível*

As imagens obtidas por meio das radiações refletidas pela superfície terrestre (ou pela atmosfera) dentro da faixa do visível trazem consigo todas as características típicas observadas naturalmente pelo ser humano. Estas são, portanto, de grande importância para o intérprete, pois as feições nelas contidas são semelhantes àquelas por ele observadas em seu dia a dia.

Entretanto, além da alteração do ponto de vista, uma imagem de satélite que trabalhe na faixa do visível pode apresentar porções desta de acordo com as suas possibilidades. Esses comprimentos de onda exigem incidência de luz solar para serem refletidos e captados.

Assim, numa composição colorida que absorva todos os comprimentos de onda dessa faixa do espectro eletromagnético, as cores da cena corresponderão às cores reais percebidas pelo ser humano, como numa fotografia colorida: a vegetação, com tons esverdeados variando de acordo com seu fenótipo; as nuvens, esbranquiçadas ou acinzentadas, conforme sua magnitude; os corpos d'água, com coloração variando de tons azulados até o marrom, conforme a quantidade de sedimentos em suspensão, e assim por diante. Do mesmo modo, se a imagem for em preto e branco, os tons de cinza percebidos serão semelhantes às fotos com essas características: a vegetação, com tons variados de cinza; as nuvens, esbranquiçadas ou acinzentadas, conforme sua profundidade; os corpos d'água, com tons cinza-claros ou escuros, de acordo com a quantidade de sedimentos em suspensão etc.

Como já visto, a luz visível pode ser decomposta em três faixas: azul, verde e vermelha. Cada uma dessas faixas absorve e reflete determinados comprimentos de onda que interessam ao intérprete, na medida em que este pode fazer suas análises de acordo com tais características.

Assim, fazendo uso dos comprimentos de onda disponíveis no Landsat TM-5, pode ser estabelecida uma relação entre as cores do espectro e os comprimentos de onda captados pelo satélite da seguinte forma:

- *cor azul* (0,45 µm<$\lambda$>0,52 µm – banda 1): penetra bastante nos corpos d'água limpos, desprovidos de sedimentos em suspensão. É bastante útil, portanto, em estudos de recursos hídricos. Os comprimentos de onda próximos do azul também possibilitam perceber diferenciações entre tipos de vegetação e solo exposto, além da presença de nuvens de fumaça provenientes de atividades industriais ou de queimadas;
- *cor verde* (0,52 µm<$\lambda$>0,60 µm – banda 2): indica a reflectância de vegetação verde sadia. Também serve para identificar a

existência de sedimentos em suspensão nos corpos d'água, podendo servir como indicativo de sua qualidade;
⊕ *cor vermelha* (0,63 μm<λ>0,69 μm – banda 3): utilizada para análise de diferenciação de espécies vegetais, dada sua propriedade de absorção de clorofila. Possibilita, igualmente, o mapeamento de redes de drenagem pela visualização das matas ciliares. Muito eficaz para estudos de identificação de atividades agrícolas e delimitação de áreas urbanas.

As características acima indicadas correspondem às bandas do visível do espectro eletromagnético disponíveis no sensor TM do satélite Landsat TM-5. Outros sensores poderão ter respostas diferenciadas de acordo com suas características. Porém, dentro das faixas mencionadas, as respostas serão necessariamente as mesmas.

### *Bandas do infravermelho*

Uma das vantagens dos sensores dispostos em satélites diz respeito à possibilidade de obtenção das radiações refletidas pela superfície terrestre (ou pela atmosfera) dentro da faixa do infravermelho. Os comprimentos de onda contidos nessa porção – entre cerca de 0,7 μm e 3 μm para o infravermelho próximo (*near infrared*), entre 3 μm e 5 μm para o médio (*middle infrared*) e de 8 μm até 14 μm, ou mesmo, para alguns autores, até 1.000 μm para os infravermelhos distante (*far infrared*) e extremo (*extreme infrared*) – não são percebidos diretamente pelo olho humano, encontrando-se, dessa maneira, fora da faixa do espectro visível.

No geral, entende-se que a radiação infravermelha está associada à emissão de calor (radiação térmica) por parte dos objetos. Assim, ela tende a apresentar respostas singulares de acordo com a temperatura dos corpos. Essa característica demonstra a importância agregada ao uso de tais canais de captação dos sensores. Como exemplo, pode-se citar a situação de nuvens existentes em altitudes elevadas, onde as temperaturas são baixas; estas apresentarão coloração mais próxima do branco. No caso de nebulosidades próximas ao solo (temperaturas maiores), a resposta espectral da imagem apresentará colorações com tons de cinza mais pronunciados. Em áreas sem nuvens, a resposta espectral do solo exposto deverá ser mais escura ainda, em função do calor por ele emitido.

O sistema Landsat faz uso de quatro bandas do infravermelho, contendo uma descrição diferenciada da divisão tradicional (próximo, médio e distante). Utilizando as características do sistema Landsat TM-5, pode-se estabelecer as seguintes relações:

- *infravermelho próximo* (0,76 µm<λ>0,90 µm – banda 4): utilizada para a demarcação de redes de drenagem e de corpos d'água, em função da grande absorção de energia pela água nessa faixa do espectro. Usada também para definir áreas agrícolas, realizar estudos de geologia, geomorfologia e de solos, e diferenciar certos tipos de vegetação em análises de rugosidade, pois a vegetação reflete muita energia nesse intervalo de comprimento de ondas;
- *infravermelho médio* (1,55 µm<λ>1,75 µm – banda 5): essa porção do espectro é utilizada para análises de saúde vegetal, especialmente no que diz respeito à escassez de água, em função da boa resposta dessa faixa ao teor de umidade da vegetação. Nota-se, todavia, que pode haver um mascaramento de dados, caso a imagem tenha sido tomada logo após a ocorrência de grande precipitação na área de estudo;
- *infravermelho médio* (2,08 µm<λ>2,35 µm – banda 7): essa banda foi introduzida após o planejamento inicial concebido para o sistema com a finalidade de obter informações sobre geologia, geomorfologia e solos, em função de sua sensibilidade para esse tipo de identificação;
- *infravermelho distante* ou *termal* (10,4 µm<λ>12,5 µm – banda 6): utilizada para caracterizar respostas de natureza térmica de elementos da superfície terrestre. Essa faixa compreende a porção do espectro que é sensível ao pico de emissão, por um corpo qualquer, de temperaturas extremas.

Como pode ser observado, a interpretação de imagens de sensoriamento remoto provenientes das bandas do infravermelho vai depender das características do alvo em estudo. Além disso, existe a possibilidade de combinações das faixas do espectro em cenas coloridas, que podem trazer informações muito mais esclarecedoras do que a análise individual.

# 6 Sensoriamento Remoto e Sistemas de Informações Geográficas

## Combinação de bandas

A interpretação das imagens de satélite é facilitada pela possibilidade de agrupar as diferentes faixas espectrais disponibilizadas pelos sensores. A combinação das bandas é realizada com o auxílio de *softwares* específicos.

Trabalhando no espaço RGB, tem-se que um dado *pixel* de uma imagem terá associado a si um valor compreendido entre 0 e 255 em cada uma das três cores desse espaço. Decorrentemente, quando do uso de imagens de satélite, um mesmo *pixel* terá um dentre os 256 possíveis tons de cinza de cada faixa espectral disponibilizada. As Figs. 6.14 a 6.17 apresentam os histogramas das quatro bandas do satélite Cbers-2 em um fragmento de imagem da região metropolitana de Porto Alegre (vide Fig. 6.12).

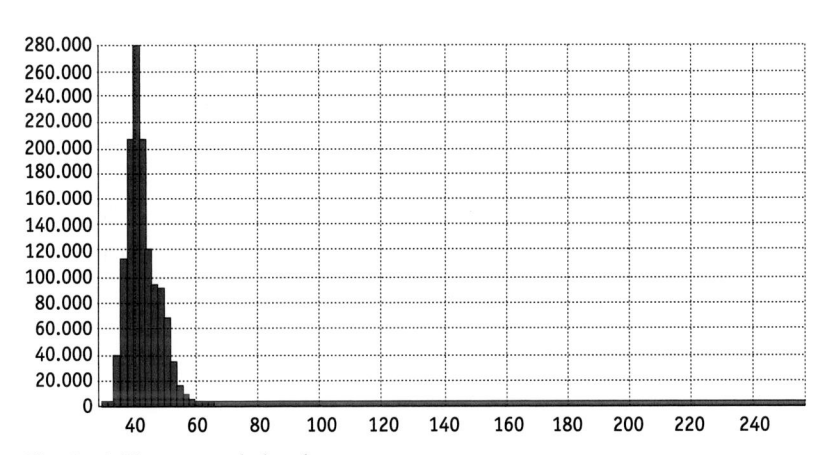

**Fig. 6.14** *Histograma da banda 1*

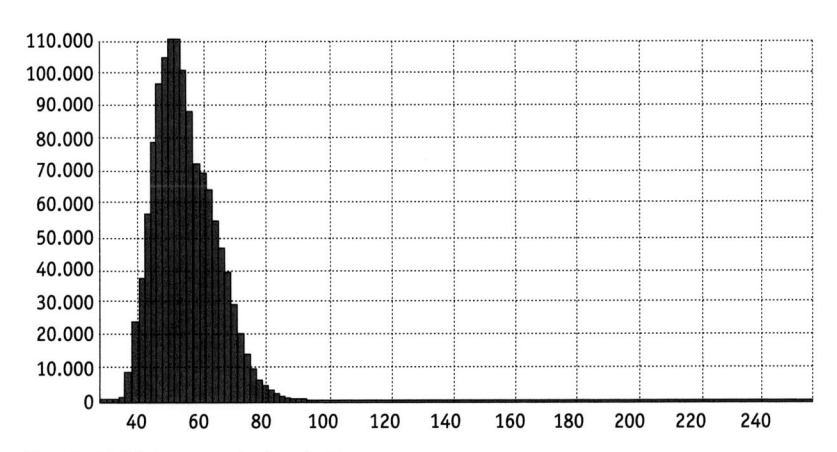

**Fig. 6.15** *Histograma da banda 2*

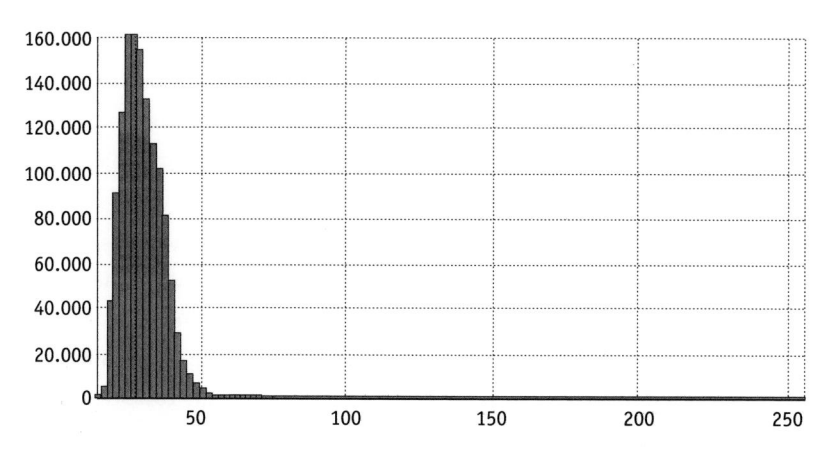

**Fig. 6.16** *Histograma da banda 3*

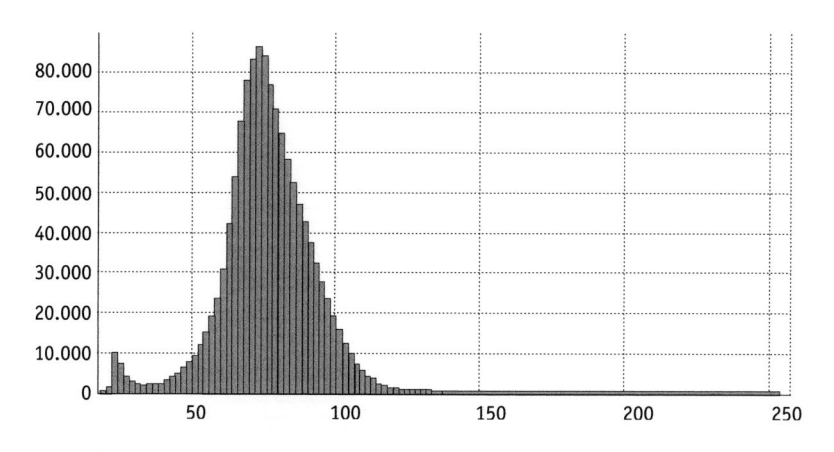

**Fig. 6.17** *Histograma da banda 4*

O histograma de uma imagem diz respeito à distribuição de *pixels* que nela se verifica, isto é, à quantidade de *pixels* por nível de cinza da imagem. Dessa forma, pode-se observar concentrações diferentes de *pixels* nas quatro bandas analisadas. Na banda 1, por exemplo, há uma clara concentração de *pixels* até o valor 50, aproximadamente. Já na banda 4, há uma distribuição maior de *pixels* a partir desse valor até as proximidades do valor 100.

No caso do satélite Cbers-2, por exemplo, a cada *pixel* de cada uma das bandas do sensor corresponderá um valor relativo ao seu respectivo nível de cinza. Esse valor certamente sofrerá alteração de banda para banda. Na banda do azul, por exemplo, o valor do *pixel* situado na coluna 1 e linha 1 poderá ser igual a 50. No canal vermelho, esse mesmo *pixel* poderá ter o valor 40; no verde, 60, e assim por diante. Uma imagem formada por *pixels* distribuídos em linhas e colunas poderá possuir valores situados entre 0 e 255, ou seja, cada canal ou banda do satélite corresponderá a uma imagem preto e branco com 256 possíveis tons de cinza.

As considerações tecidas demonstram a possibilidade de efetivação de diferentes combinações a partir das bandas disponibilizadas. Algumas das combinações possíveis podem ser caracterizadas da maneira apresentada no Quadro 6.1 (p. 130), a partir dos canais 1 (B-azul), 2 (G-verde), 3 (R-vermelho) e 4 (NIR-infravermelho próximo) do satélite Cbers-2, inseridos no espaço RGB tradicional. O resultado de tais combinações pode ser verificado no Quadro 6.1.

Conforme o leitor já pôde perceber, as imagens digitais obtidas por sensoriamento remoto, por causa das suas características, permitem determinados recursos que possibilitam ao ser humano superar suas limitações. A combinação de bandas do satélite vai depender, portanto, das necessidades do usuário e de sua percepção visual. Para isso, a interpretação das imagens necessitará de profissionais bastante competentes em termos de conhecimento, capacidade de análise e domínio das tecnologias.

## 6.7 Classificação de Imagens de Sensoriamento Remoto

Uma das principais ferramentas de análise de imagens multiespectrais diz respeito aos métodos de classificação dessas imagens. Tais procedimentos se vinculam diretamente à sua aplicação nas técnicas de geoprocessamento e, decorrentemente, de análises geográficas.

A classificação de uma imagem nada mais é do que a identificação de determinados elementos nela presentes, pela associação de cada um de seus *pixels* a uma determinada classe preestabelecida. A comparação é realizada, em geral, entre pelo menos duas bandas do espectro, para que se possa comparar o mesmo *pixel* por meio de possíveis diferentes

**Quadro 6.1** Características gerais para combinações de bandas do satélite Cbers-2

| Combinação das bandas no espaço RGB | Características |
|---|---|
| 1B-2G-3R | Imagem apresenta as cores naturalmente percebidas pelo olho humano. A água tende a possuir colorações azuladas, quando limpa, e próximas de marrom, quando possuir muitos sedimentos em suspensão. A vegetação apresenta variados tons de verde. |
| 2B-3G-4R | Imagem conhecida como "falsa-cor" por apresentar cores diferentes da combinação das cores do visível. Nesta composição são realçadas as características da água (tons próximos do azul), do solo e de áreas urbanizadas (tons azul-esverdeados). A vegetação apresenta coloração avermelhada, sendo utilizada para identificar diferentes tipos de vegetais ou possíveis focos de pragas nas plantas. |

respostas. Assim, como já anteriormente apresentado, o *pixel* localizado na linha 1 e coluna 1 pode ter um valor de 60 em uma banda espectral "A" e de 40 em outra "B", por exemplo. Já o *pixel* localizado na linha 100 e coluna 100 pode ter um valor igual a 60 na mesma banda "A", mas de 35 na banda "B".

**6** Sensoriamento Remoto e Sistemas de Informações Geográficas

**Quadro 6.1** Características gerais para combinações de bandas do satélite Cbers-2 (continuação)

| Combinação das bandas no espaço RGB | Características |
|---|---|
| 3B-4G-2R | Imagem "falsa-cor" na qual os cursos d'água são destacados com tons violeta escuros. As áreas urbanas apresentam variações de tons verde-violeta, em geral mais claros que os cursos d'água. A vegetação apresenta coloração esverdeada. |
| 4B-3G-2R | Outra imagem "falsa-cor" na qual a área urbana é bastante realçada (tons claros azul-amarelados). A vegetação apresenta coloração azulada. Os cursos d'água apresentam coloração amarelo-esverdeadas. |

A classificação de imagens permite, assim, a criação de imagens virtuais da área para a realização de um posterior cruzamento das informações obtidas, ou mesmo para a elaboração de mapas temáticos. Os temas obtidos serão o resultado da classificação realizada dentro dos parâmetros utilizados. Os métodos de classificação de imagens podem ser supervisionados pelo operador ou não.

### 6.7.1 Classificação supervisionada

A classificação supervisionada diz respeito ao método que faz uso da capacidade interpretativa do técnico. Assim, uma imagem será classificada com base em determinados parâmetros definidos pelo profissional que, necessariamente, deverá ter conhecimento das características da área de trabalho. A escolha de áreas ou polígonos representativos ou de treinamento na imagem, vetorizados sob a forma de polígonos que definem elementos notáveis, servirá como base para a sua padronização. As áreas de treinamento, portanto, contêm uma quantidade suficiente de *pixels*, cuja reflectância representa uma feição previamente determinada. A Fig. 6.18 apresenta bem essa ideia, em que os números 1, 2, 3, 4, 5 e 6 representam, respectivamente, cursos d'água, áreas alagadiças, áreas de cultivos diversos ou campos, vegetação de porte médio ou alto, áreas urbanizadas e solo exposto.

É importante ressaltar que a precisão da classificação relaciona-se com a resolução espacial da imagem. Determinados fenômenos presentes na natureza podem ficar mascarados em imagens com *pixels* que considerem misturas significativas de elementos. A competente supervisão do técnico torna-se fator significativo para o sucesso da classificação.

Na *classificação supervisionada* podem ser utilizados métodos diversos, como o do *paralelepípedo*, da *distância mínima* e da *máxima verossimilhança*.

#### Método do paralelepípedo

Esse método trabalha com uma área quadrada representativa, definida pelo menor e pelo maior valor de *pixels* contidos em um agrupamento pré-escolhido. Esses *pixels*, definidos por um polígono qualquer, representarão uma determinada classe presente em uma imagem. Os elementos contidos dentro do quadrado ou paralelepípedo que envolve o polígono representativo definirão a classe final correspondente a todos os *pixels* semelhantes da imagem.

# 6 Sensoriamento Remoto e Sistemas de Informações Geográficas

**Fig. 6.18** *Áreas de treinamento selecionadas para classificação supervisionada*

A desvantagem no uso desse tipo de classificador diz respeito à existência de *pixels* de classes desconhecidas fora do quadrado envolvente, que poderão ser classificados com a mesma classe do polígono representativo.

### Método da distância mínima

Esse método, que emprega bases estatísticas para sua execução, usualmente trabalha da seguinte forma:
- escolha dos polígonos delimitadores para cada uma das classes consideradas;
- cálculo do valor médio dos *pixels* constantes em cada uma das classes;

⊕ a partir do valor médio de cada classe, são medidas as distâncias entre esse valor e os *pixels* do restante da imagem;
⊕ cada *pixel* da imagem assumirá, conforme a proximidade à classe determinada, o valor correspondente à dita classe.

Esse método trabalhará, portanto, no sentido de atribuir a cada *pixel* da imagem um determinado valor, conforme a classe mais próxima dele. Assim, minimizam-se problemas como os de *pixels* que possuem respostas espectrais provenientes de duas classes diferentes, por exemplo, diferentes tipos de vegetação, lavouras etc.

### *Método da máxima verossimilhança ou MAX-VER*

Como os demais, esse método baseia-se na escolha de áreas que possam ser representativas de determinadas feições conhecidas. Nesse método, são utilizadas a média e a covariância dos *pixels* amostrados, sendo calculada a probabilidade de um *pixel* externo a essas amostras pertencer a elas. Em se tratando de uma amostragem probabilística, para que se tenha sucesso, deve-se utilizar polígonos que abranjam um grande número de *pixels* (mais do que cem).

Em se tratando de uma evolução com relação aos demais, o método MAX-VER certamente é, hoje, o mais utilizado dentre os classificadores supervisionados. Os procedimentos para a realização dessa forma de classificação podem ser resumidos da seguinte maneira:

⊕ escolhem-se polígonos delimitadores para cada uma das classes consideradas;
⊕ é estabelecido um relacionamento entre as feições designadas pelos polígonos e as porções por eles abarcadas na imagem;
⊕ é definida uma determinada probabilidade de um dado *pixel* externo aos polígonos pertencer às suas respectivas classes;
⊕ o *software* executa as operações e gera um mapa temático com as classes específicas.

As Figs. 6.19 a 6.21 apresentam diferentes resultados com o uso de classificação supervisionada. Essas figuras são apenas representativas, não se constituindo como mapas finais. Estes deveriam contar com

**6 Sensoriamento Remoto e Sistemas de Informações Geográficas**

características específicas, como sistema de coordenadas, escala, indicação da direção norte etc.

Como pode ser observado nas Figs. 6.19 a 6.21, ocorrem variações na classificação das imagens no caso de uso de um ou outro método. Verifica-se, assim, certas limitações, especialmente no método do paralelepípedo, no qual uma significativa área da imagem (cerca de 15%) ficou desprovida de classificação. Igualmente, nesse método ocorreu um mascaramento das áreas alagadiças, as quais foram confundidas com áreas de lavouras ou campos. Os demais métodos apresentaram resultados semelhantes, com vantagem para o método da máxima verossimilhança. O método da distância mínima, por exemplo, confundiu a rodovia BR 116 e seus acessos, classificando-a como "cultivos diversos/campos". As respostas apresentadas talvez exemplifiquem o uso preferencial do método da verossimilhança.

### 6.7.2 Classificação não supervisionada

O método de classificação *não supervisionada* normalmente é realizado com o uso de *clusters* (ou nuvens, agrupamentos).

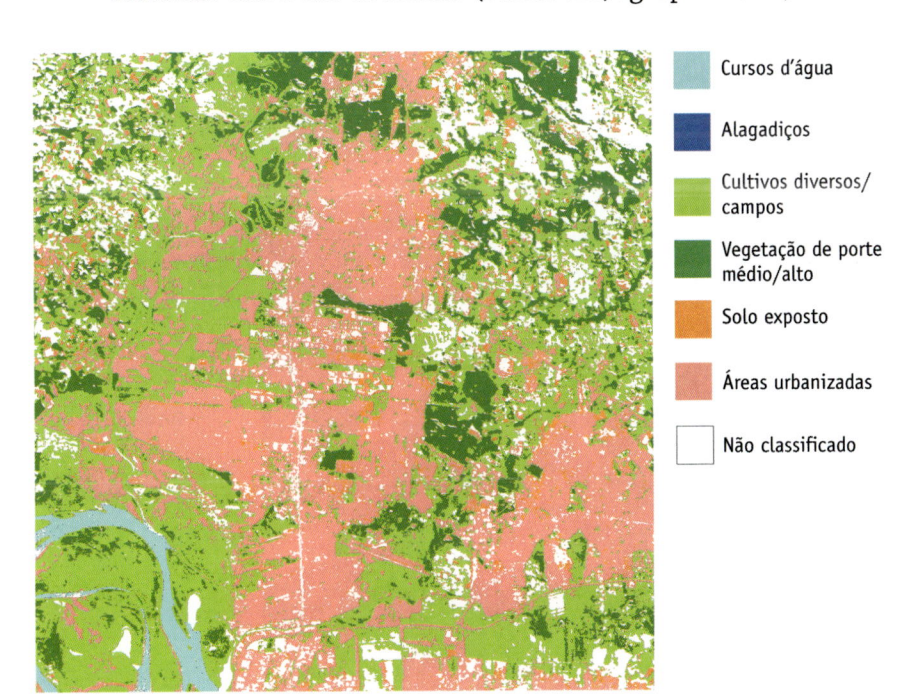

**Fig. 6.19** *Classificação pelo método do paralelepípedo*

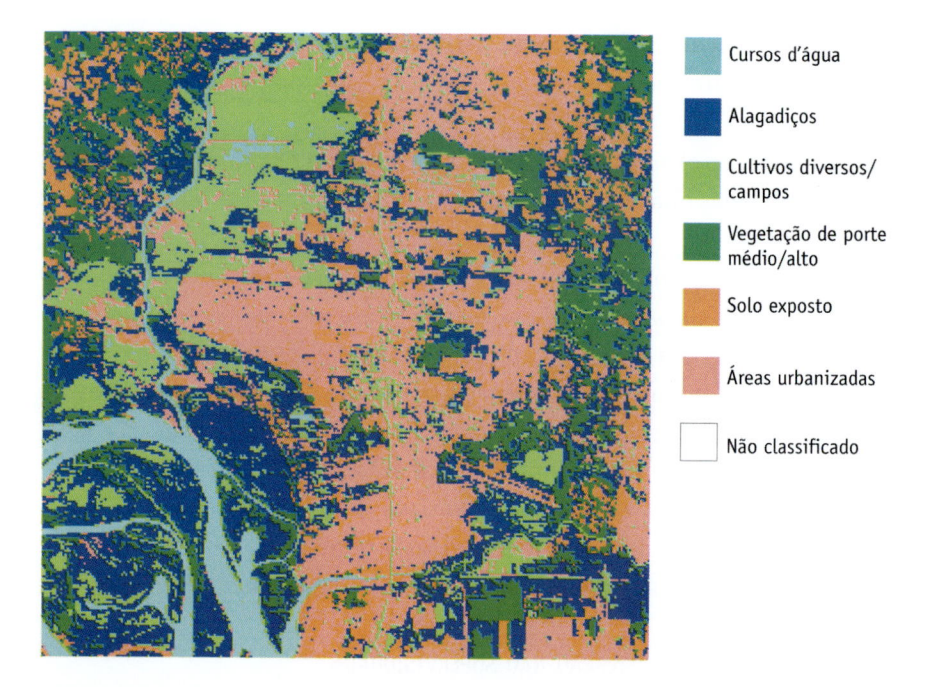

**Fig. 6.20** *Produto de classificação por distância mínima*

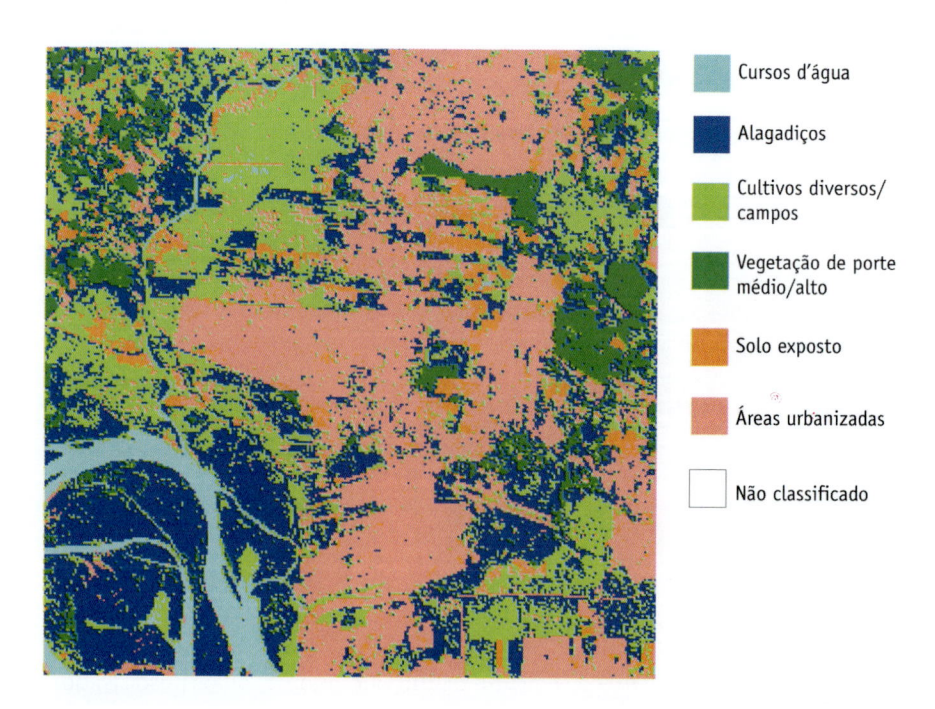

**Fig. 6.21** *Produto de classificação por máxima verossimilhança*

Nesse caso, o próprio *software* procurará estabelecer padrões específicos nos *pixels* que compõem a imagem. Os agrupamentos ou *clusters* são, assim, automaticamente identificados pela máquina e classificados a partir de comparações espectrais com os demais. O método, portanto, classifica os *pixels* de forma automática por meio de uma padronização de sua reflectância.

Em termos gerais, esse método é utilizado para atividades em que não se tem acesso à área trabalhada, isto é, não se tem certeza do comportamento dos alvos. Tal situação implica incertezas quanto aos produtos gerados, pois não se tem controle sobre os agrupamentos selecionados.

### *Lógica* fuzzy

A imprecisão na classificação de uma imagem levou os pesquisadores a trabalhar com métodos que articulassem de maneira satisfatória esses conceitos. Um deles diz respeito ao uso de uma generalização da chamada lógica booleana (ver Cap. 5). Trata-se da lógica *fuzzy*, também conhecida como lógica difusa ou lógica nebulosa.

A lógica *fuzzy* trabalha com conceitos diferentes da abordagem lógica tradicional. Assim, certas concepções quantitativas sofrerão julgamentos diferenciados em função de sua falta de precisão: alto – baixo, jovem – velho, rápido – vagaroso etc.

Para sanar tais dificuldades, são estabelecidos modelos que possam traduzir tais incertezas, isto é, que envolvam conceitos de imprecisão sobre o objeto de estudo. Portanto, quando uma imagem é classificada, não se tem certeza de que certos *pixels* correspondem fielmente às reais feições do terreno. Entretanto, pode-se estimar certos padrões de probabilidade de acerto. A maioria dos *softwares* possui ferramentas de classificação de imagens por meio da lógica *fuzzy*.

### *Redes neurais*

A procura de classificadores que dispensassem – ou ao menos minimizassem – o trabalho de um operador levou os pesquisadores a utilizar sistemas conhecidos como *redes neurais*. Inspirados nos neurônios humanos, esses sistemas buscam realizar uma aproximação do processamento computacional ao do nosso cérebro.

As redes neurais consistem, portanto, em uma evolução dos sistemas de inteligência artificial. Funcionando como a estrutura cerebral humana, elas utilizam milhares de pequenas unidades de processamento, ou módulos, que recebem e transmitem informações para o sistema como um todo.

Essas redes procuram, assim, simular a estrutura cerebral humana por meio de conexões (unidades de processamento, ou "neurônios"), permitindo aplicações como o reconhecimento, a classificação e a correção de padrões em uma imagem. As redes neurais são capazes de realizar buscas, de aprender pela experiência, de descobrir novos caminhos e soluções, de realizar certas associações e generalizações, além de abstrair determinadas características vinculadas a um padrão específico, para transformá-las em informação consistente e com bom grau de confiabilidade.

Esse sistema artificial de neurônios realiza verdadeiras sinapses por meio de estímulos externamente recebidos. Sendo treinadas para aprender através de padrões preconcebidos, as redes neurais podem ser utilizadas para realizar tarefas como a classificação de uma imagem, a partir do reconhecimento de *pixels* que traduzem a realidade do padrão selecionado.

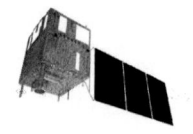

# 7
# Tomada de Decisões e Geração de Critérios para Uso em SIGs

A crescente utilização de SIGs pelos diversos setores da sociedade traz consigo algumas preocupações relacionadas ao seu uso indiscriminado. Uma questão prática envolvendo o emprego desses sistemas diz respeito aos procedimentos vinculados à tomada de decisão por seus usuários.

Muitas dúvidas e dificuldades enfrentadas no decorrer dos trabalhos levam a perguntas como: qual o melhor caminho a ser seguido para minimizar custos e maximizar resultados? Que tipo de solo é mais adequado a determinado cultivo e qual a interferência deste na sua produtividade? Qual é o local mais adequado para a implementação de determinado empreendimento e que impactos este determinará na área?

As respostas às indagações acima dizem respeito a certas escolhas patrocinadas pelos técnicos envolvidos durante a sua ingerência no processo. A qualificação e a quantificação dos critérios empregados para respondê-las vinculam-se ao conhecimento prévio dos profissionais envolvidos e necessitam de uma metodologia de ação eficaz.

O conjunto de produtos possíveis gerados pelos SIGs – que pode ir, por exemplo, desde a simples localização de um imóvel em algum ponto do espaço geográfico até a análise, a gestão ou o planejamento de cunho ambiental, econômico, social etc. desse imóvel – pode implicar resultados promissores ou desastrosos. Estes dependerão das decisões tomadas ao longo dos procedimentos. Apesar disso, a temática relacionada ao processo decisório, em geral, é encarada somente no final dos trabalhos, ensejando possíveis insucessos.

## 7.1 SIGs, Geotecnologias e Processo Decisório

Antes de se prosseguir, alguns aspectos julgados essenciais para o aprofundamento do assunto devem ser apresentados. As tecnologias por si sós são incapazes de trazer reais benefícios para o ser humano, objetivo primordial de qualquer ramo científico.

Ao longo deste livro, procurou-se apresentar a dinamicidade e a aplicabilidade das geotecnologias. O engajamento de profissionais de diferentes áreas em trabalhos de cunho interdisciplinar apoiados pelo uso de tal ferramental faz parte da concepção de seu uso. As derivações verificadas a partir do suporte prestado por essa tecnologia levam a um direcionamento no processo de tomada de decisão, especialmente no que se refere às questões vinculadas ao planejamento e à organização do espaço geográfico. Tem-se, assim, que trabalhos envolvendo alguma forma de análise espacial necessitam de abordagens metodológicas que busquem, em seu decorrer, algum contato com o chamado processo decisório.

Em termos gerais, pode-se depreender que o processo decisório consiste no desencadeamento das ações realizadas no decorrer de um estudo, plano ou projeto que envolvam a possibilidade de escolha por um ou outro direcionamento dado no quadro das opções existentes. A decisão final pode vincular-se, assim, ao somatório das decisões tomadas ao longo dos procedimentos realizados, ou somente a partir das conclusões finais tiradas de ações estáticas concebidas no processo. Essas questões estão vinculadas à concepção epistemológica do decisor ou dos decisores – entendidos como aqueles atores que participam no processo decisório com real ingerência sobre ele.

A manipulação de um SIG perpassa por uma longa trajetória que envolve distintos aspectos. O cruzamento de informações derivadas de bases de dados georreferenciados, por exemplo, necessita de critérios

# 7 Tomada de Decisões e Geração de Critérios para Uso em SIGs

consistentes, o que remete a um processo decisório que deve ser visto como um caminho a ser trilhado ao longo desse procedimento.

A complexa estrutura envolvida em um processo decisório pode ser perdida e/ou conduzida a um fracasso caso os decisores não participem das ações realizadas no decorrer do processo. Essas considerações se fazem presentes na medida em que, em grande parte dos casos, o processo decisório acaba tendo a participação de somente um agente, o próprio decisor. Nessas circunstâncias, esse personagem tende a direcionar os procedimentos levando em consideração, quando muito, algumas sugestões de outros especialistas envolvidos. Aparentemente, tal condição advém da origem das metodologias de ação utilizadas pelo envolvido. No caso brasileiro, tem-se que grande parte da bibliografia dessa área é de origem norte-americana e vinculada ao paradigma racionalista. Assim, há uma tendência natural em se adotar uma postura mais voltada a tais preceitos, que possuem, como objetivo final, a construção de uma solução "ótima", ou seja, aquela que descreve, da melhor forma possível, a realidade trabalhada.

Outra corrente científica percebe a questão decisória dentro de um enfoque construtivista. Essa perspectiva trabalha o que é descrito como o "apoio à decisão". O apoio à decisão pode ser entendido como uma atividade inserida no processo decisório, na qual o facilitador (agente que auxilia os decisores na tomada de decisão) procura direcionar os procedimentos por meio de uma metodologia que venha a responder às dúvidas e necessidades dos decisores. O apoio à decisão prestaria, assim, excepcional auxílio aos tomadores de decisão; estes estariam decidindo a partir do estabelecimento de práticas metodológicas definidas e participativas, o que certamente contribuiria para decisões, se não das mais "acertadas", com respaldo suficientemente eficaz. Tal situação refere-se à possibilidade de escolhas que venham a gerar produtos que não expressem, exatamente, os propósitos inicialmente almejados.

Mesmo não sendo o decisor final, um usuário de geotecnologias seguramente deverá tomar decisões mais ou menos impactantes no decorrer de seu trabalho. Essas decisões estão vinculadas diretamente a questões específicas relacionadas com a sua formação acadêmico-

-cultural. Em boa parte dos casos, entretanto, o processo decisório não é percebido pelos técnicos atuantes diretamente na ação trabalhada durante o uso de tal ferramental. Tal condição pode advir de ideologismos impregnados, ou seja, de concepções vinculadas à proclamada "neutralidade científica".

Percebe-se, assim, uma tendência "natural" de bons profissionais acabarem por permanecer à margem das decisões, não participando da geração de conhecimento, como nos preceitos construtivistas. Desse modo, o especialista acaba por restringir-se a um mero executor de tarefas, ou mesmo em uma extensão do sistema por ele manipulado, não refletindo, no produto final, seu conhecimento sobre o assunto, suas reais concepções de vida, sua cultura etc.

### 7.1.1 Processo decisório e a elaboração de critérios de análise

Uma das inferências percebidas no uso de SIGs, relativas ao processo decisório, refere-se à formulação de critérios na aplicação das técnicas de geoprocessamento. Entendendo o processo decisório como uma escolha entre diversas alternativas, deve-se ter em mente que tais opções necessitam de critérios suficientemente seguros para que não se depare com resultados desagradáveis.

A definição de critérios que direcionem as ações propostas no decorrer do processo decisório vincula toda uma série de procedimentos e atitudes decorrentes dos atores nele envolvidos. Trabalhos estruturados com base no espaço geográfico pressupõem um enorme número de variáveis de análise, as quais poderão ou não constituir-se em critérios para as ações.

A utilização de SIGs para a realização de estudos de caráter espacial exige procedimentos de investigação que necessitarão de critérios bem definidos. Em se tratando de análise geográfica, em que há o envolvimento de uma grande gama de informações, devem ser empregadas *metodologias multicritério*, ou seja, aquelas que trabalham com mais de um critério simultaneamente. As *metodologias monocritério* não devem ser empregadas para esse tipo de análise, pois trabalham

## 7 Tomada de Decisões e Geração de Critérios para Uso em SIGs

somente com um determinado critério, o que acaba não sendo representativo para modelagens espaciais.

Para exemplificar os usos de tais metodologias, pode-se imaginar a seguinte situação: deseja-se saber o melhor local para a construção de um *shopping center*. No caso de utilizar-se somente um critério de avaliação para o empreendimento, por exemplo, o custo do terreno, o local escolhido – em função do menor valor – poderia ser inadequado por situar-se:

- distante do centro consumidor;
- numa área instável, que necessitaria de muitos investimentos para estaqueamento;
- em área sem infraestrutura básica;
- em local com significativa parcela de área de preservação, onde a área construída deveria ser reduzida ao extremo, inviabilizando o investimento etc.

As situações acima são apenas uma pequena amostra das possibilidades de análise e avaliação para o estudo, levando-se em consideração tão somente um critério de avaliação: o custo do terreno. Haveria, assim, a necessidade da agregação de muitos outros fatores que comporiam a estruturação do problema.

Em se tratando de um empreendimento que necessariamente causaria profundas alterações no ambiente, diversos outros cenários deveriam ser abordados. A geração de critérios, a partir de tal situação, certamente desencadearia uma sucessão de parâmetros para descrever da melhor forma possível a realidade enfrentada.

A possibilidade de manipular simultaneamente mais de um critério, dada pelas metodologias multicritério, permite o fornecimento de dados mais concretos para a tomada de decisão. Esta torna-se a sua principal vantagem. Por outro lado, essa condição é, também, a sua principal desvantagem, em razão da complexidade de execução das ações.

Em termos de metodologias multicritério, pode-se distinguir duas abordagens:

- *Metodologias Multicritério em Apoio à Decisão* (MCDA – *Multicriteria Decision Aid*), vinculadas aos preceitos construtivistas;
- *Metodologias Multicritério de Tomada de Decisão* (MCDM – *Multicriteria Decision Making*), vinculadas ao paradigma racionalista.

As principais características de uma e de outra metodologia são sintetizadas pelo Quadro 7.1. Nele, pode-se observar que ambas as abordagens possuem aspectos positivos e negativos. A diferenciação de uso ocorre na concepção do usuário a respeito da metodologia empregada. Nesse sentido, deve ser esclarecido que não há uma "metodologia correta". Pode-se, sim, questionar sobre sua eficácia, sua representatividade ou mesmo sua proposta paradigmática.

**Quadro 7.1** Principais características das MCDM e MCDA

| MCDM | MCDA |
| --- | --- |
| Base: princípios racionalistas | Base: princípios construtivistas |
| Busca da solução "ótima" | Busca da construção de uma solução representativa |
| As decisões são tomadas a partir de aspectos objetivos | Levam em consideração a subjetividade dos decisores |
| Decisor é tido como neutro no processo decisório | Participantes do processo não são neutros e devem expressar suas posições de forma aberta |
| Agilidade, rapidez e simplicidade na execução | Burocracia, lentidão e complexidade na execução |
| Poder decisório centralizado | Poder decisório descentralizado |

Para que o leitor possa compreender melhor a proposta deste capítulo, a seguir serão apresentados e analisados os procedimentos utilizados em uma pesquisa desenvolvida há poucos anos. O estudo em questão tratava da elaboração de critérios, por meio de metodologias multicritério em apoio à decisão, para serem utilizados em dados geoprocessados de uma bacia (microbacia) hidrográfica na cidade de Maximiliano de Almeida, RS.

## 7.2 Elaboração de Critérios com o Uso de MCDA

A pesquisa realizada na microbacia hidrográfica (MBH) sugeria a possibilidade de união entre dois elementos de certo modo antagônicos: produtividade e preservação ambiental. Os objetivos direcionavam-se à satisfação do produtor rural, bem como ao bem-estar da comunidade em geral.

Para que fosse possível atingir as metas propostas, foram discutidos, junto aos técnicos da Emater/RS, critérios que pudessem relativizar uma utilização sustentável daquele espaço. Os temas importantes sobre o uso e ocupação do solo foram sendo apresentados e organizados.

Os procedimentos metodológicos utilizados visavam ao uso de MCDA para a geração de critérios e suas taxas de substituição (pesos), seguindo-se uma estruturação específica, desde a elaboração de um mapa cognitivo até a geração e mensuração dos critérios finais utilizados na plotagem dos mapas gerados com o uso do geoprocessamento. O trabalho analisado considerou que, em geoprocessamento, a construção de critérios com a aplicação de MCDA tendia a ser mais confiável.

### 7.2.1 Elaboração do mapa cognitivo

O processo de elaboração do mapa cognitivo talvez tenha sido uma das etapas mais trabalhosas da metodologia empregada. Esse mapa constitui-se em um diagrama que reúne, de forma esquemática, as representações mentais do decisor.

A construção do mapa cognitivo do trabalho analisado se deu a partir da realização de reuniões (*brainstorms*) com os agentes do processo decisório. A sua elaboração reflete as ideias dos participantes no momento das entrevistas e nas circunstâncias da época. Essas questões são ressaltadas pelo fato de que distintos atores, ou os mesmos em outro momento, poderiam gerar conceitos diferentes daqueles ora descritos. Profissionais de outras áreas, com concepções científicas diferenciadas, possivelmente também responderiam às questões de maneira diversa.

As discussões realizadas levaram o autor da pesquisa, atuando como facilitador, a reunir as ideias surgidas no decorrer das reuniões. A partir da organização das ideias, foi gerado um mapa cognitivo, ilustrado pela Fig. 7.1, o qual procura representar, esquematicamente, todas as concepções conceituais dos envolvidos com relação à temática proposta: *Manejo de uma microbacia hidrográfica (MBH) visando à sua sustentabilidade ambiental.*

O mapa cognitivo apresentado na Fig. 7.1 representa um diagrama que contempla as percepções conceituais dos atores integrantes do processo decisório. Assim, são esquematizadas determinadas características que os decisores concebem como sendo de fundamental importância para o objetivo final de satisfazer a comunidade dentro dos princípios da sustentabilidade ambiental.

Seguindo o direcionamento dado pelo mapa cognitivo, o primeiro conceito – não necessariamente o mais importante – trata da adequação do solo. Este, indicado pelo número "1", dirige-se no sentido da questão de produtividade (número 8), a qual vincula-se à satisfação do agricultor (18), que, por sua vez, é parte integrante da comunidade (19), a qual também deverá ser contemplada satisfatoriamente. Essa sequência de conceitos é conhecida por *linha de argumentação*, a qual inicia com um conceito rabo e finda em um conceito cabeça.

### Análise do mapa cognitivo

Após a elaboração do mapa, este deverá ser devidamente analisado. A análise de um mapa cognitivo é feita a partir do estudo de sua consistência e de certos parâmetros nele existentes. Uma das maneiras de realizar tal procedimento diz respeito ao uso de agrupamentos de conceitos conhecidos como *clusters*.

Um *cluster* pode ser considerado como uma espécie de ilha dentro do mapa cognitivo, ou mesmo como outro mapa dentro do original. A partir de sua identificação, pode-se analisar os *clusters* isoladamente, isto é, cada agrupamento pode ser considerado como um mapa independente. Trabalha-se, assim, com uma cadeia de conceitos, as *linhas de argumentação*. Tal tipo de análise caracteriza-se por estudar

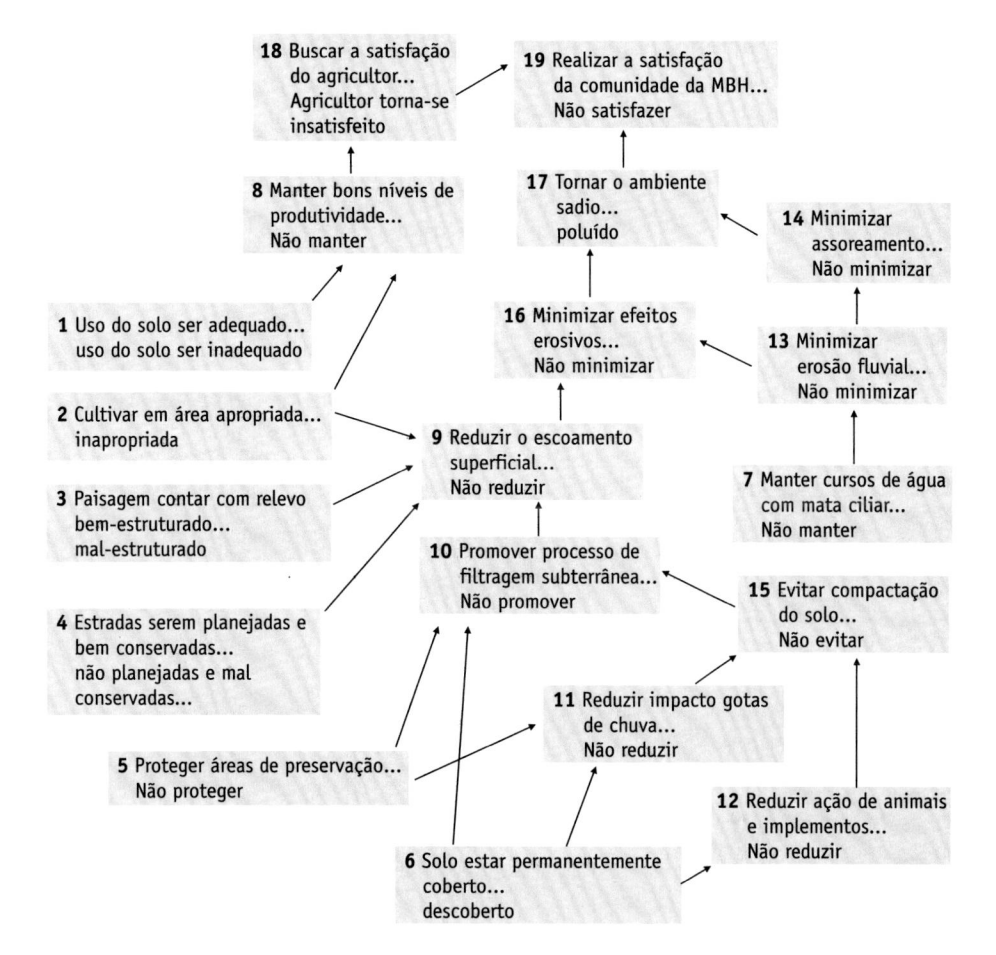

# 7 Tomada de Decisões e Geração de Critérios para Uso em SIGs

**Fig. 7.1** *Mapa cognitivo realizado para o "Manejo de uma MBH visando à sua sustentabilidade ambiental"*

mais a forma do mapa. Uma ou mais linhas de argumentação que mostrem contextualizações semelhantes dentro do mapa cognitivo constituem os denominados *ramos* de um mapa cognitivo. A análise do mapa através de seus ramos leva em consideração o conteúdo, ou seja, as ideias apresentadas nos conceitos construídos ao longo do processo decisório. A partir da identificação dos ramos, são definidos os *pontos de vista* necessários para a estruturação do modelo.

Salienta-se mais uma vez que, em se tratando do uso de MCDA, a estrutura do mapa cognitivo reflete o juízo de valores dos atores do processo no momento de sua confecção. A Fig. 7.2 apresenta a compartimentação do mapa cognitivo referido na Fig. 7.1 em agrupamentos, os *clusters* e os respectivos ramos (Rn) a eles vinculados.

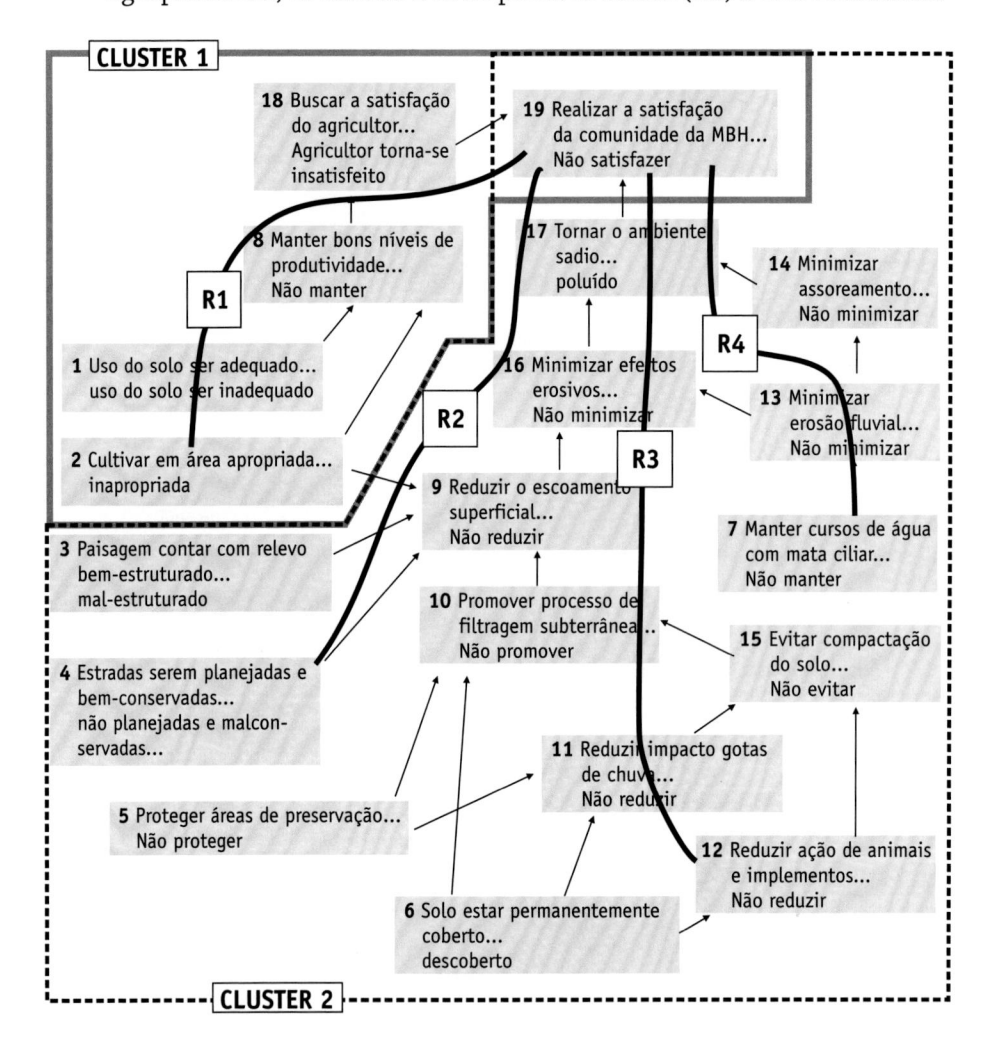

**Fig. 7.2** *Mapa cognitivo contendo os ramos (Rn) e clusters para analisar o mapa gerado, tendo em vista o "Manejo de uma MBH visando à sua sustentabilidade ambiental"*

A Fig. 7.2 apresentou dois *clusters* vinculando as questões: produtividade (*cluster* 1) e qualidade ambiental (*cluster* 2). Estes vão direcionar as futuras ações metodológicas dentro dos quesitos que foram considerados pelos decisores como de fundamental importância, os pontos de vista (PVs). Em virtude de alguns percalços no andamento dos trabalhos, o facilitador assumiu o papel de decisor a partir da construção dos PVs.

## 7 Tomada de Decisões e Geração de Critérios para Uso em SIGs

### 7.2.2 Determinação dos pontos de vista fundamentais

Os PVs podem ser considerados, então, como sendo os aspectos que reúnem as características tidas como importantes para a construção de um modelo de avaliação de ações existentes ou construídas.

Certos PVs são essenciais para uma possível avaliação das futuras ações. Estes são considerados como Pontos de Vista Fundamentais (PVFs) e constituem-se como eixos de avaliação do problema. Num primeiro momento, são escolhidos candidatos a PVFs, assim denominados porque ainda são passíveis de sofrer uma série de testes que determinarão ou não seu aproveitamento.

A partir da escolha dos possíveis candidatos a Pontos de Vista, estes foram representados graficamente em uma *árvore de pontos de vista*. A Fig. 7.3 apresenta a árvore de candidatos a pontos de vista para o *Manejo de uma MBH visando à sua sustentabilidade ambiental*.

A literatura apresenta que, muitas vezes, faz-se necessária a decomposição de um PVF. Isso ocorre para que se possa realizar uma melhor avaliação do desempenho de suas ações potenciais – ações reais ou não que possam ser implementadas dentro das possibilidades avaliadas pelo decisor –, por exemplo, quando se necessita de um maior detalhamento. A decomposição do PVF se dá por meio da criação de PVEs – Pontos de Vista Elementares.

**Fig. 7.3** *Árvore de candidatos a Pontos de Vista para o "Manejo de uma MBH visando à sua sustentabilidade ambiental"*

O estudo em pauta, como pode ser acompanhado na Fig. 7.3, fez uso dos seguintes pontos de vista: *adequação do solo ao cultivo na MBH*; *escoamento superficial natural da MBH* (este, desdobrado em três PVEs:

*declividade do terreno, planejamento das estradas e áreas de preservação); e erosão fluvial provocada pela desproteção das margens.*

De posse dos PVs, foi construído um modelo multicritério para avaliar as suas ações potenciais, associando para isso, a cada PV, um determinado critério de avaliação. Cada critério necessita ser estruturado a partir do que muitos autores chamam de *descritores*.

### 7.2.3 Determinação dos descritores

Os descritores podem ser caracterizados como um conjunto de níveis de impacto que procuram explicar possíveis variações das ações potenciais em relação aos PVs. Cada um dos pontos de vista possui seu próprio descritor.

O Quadro 7.2 apresenta, como exemplo, os níveis de impacto (nos quais os maiores níveis representam as melhores soluções) e de referência encontrados para o descritor do PVF *adequação do solo*.

**Quadro 7.2** Níveis de impacto e de referência do descritor do PVF *adequação do solo*

| Níveis de impacto | Níveis de referência | Descrição |
|---|---|---|
| N5 |  | Solo com boa adequação ao cultivo |
| N4 | Bom | Solo com adequação ao cultivo de regular a boa |
| N3 |  | Solo com regular adequação ao cultivo |
| N2 | Neutro | Solo com uso restrito ao cultivo |
| N1 |  | Solo desaconselhável ao cultivo |

A utilização dos descritores remete à escolha da maneira como devem ser avaliadas as ações potenciais nos PVs. A partir daí, foram construídas as funções de valor, ou seja, determinadas relações que servem para auxiliar a mensuração da intensidade das preferências entre os níveis de impacto das ações potenciais.

### 7.2.4 Construção das funções de valor

As funções de valor foram construídas com o auxílio do método de julgamento semântico denominado ***M**easuring **A**ttractiveness*

# 7 Tomada de Decisões e Geração de Critérios para Uso em SIGs

by a ***C**ategorical **B**ased **E**valuation **T**echnique* (Macbeth). O método Macbeth consiste em mensurar a *diferença de atratividade* entre duas situações, seguindo uma escala predeterminada. Essas comparações poderiam ser executadas por outros métodos quaisquer.

O Quadro 7.3 apresenta a relação de atratividade par a par entre elementos.

Por meio do *software* Macbeth, concebido para a aplicação do método de mesmo nome, foram montadas matrizes que determinaram as funções de valor que melhor responderam ao julgamento semântico do decisor. A matriz formada pelas diferenças de atratividade par a par (Quadro 7.3) entre os níveis de impacto do descritor do PVF *adequação do solo* (Quadro 7.2) é apresentada na Tab. 7.1.

**Quadro 7.3** Relações de atratividade par a par entre elementos

| Valor | Característica da atratividade |
|---|---|
| 0 | Sem atratividade |
| 1 | Atratividade muito fraca |
| 2 | Atratividade fraca |
| 3 | Atratividade moderada |
| 4 | Atratividade forte |
| 5 | Atratividade muito forte |
| 6 | Atratividade extrema |

As comparações, em termos da atratividade entre diferentes níveis de impacto, foram realizadas por meio do questionamento da perda de atratividade em se passar de um nível para outro. Assim, por exemplo, levando-se em consideração os níveis de impacto descritos no Quadro 7.2, anteriormente apresentado, tem-se que, para se passar do nível de impacto N5 para o nível N4, foi estimado que a perda de atratividade é igual a 2 (fraca). Nesse caso, foi introduzido, no quadro referente ao cruzamento da linha N5 com a coluna N4 da matriz, o valor 2. Já para se passar do nível N5 para o nível N3, considerou-se que a perda de atratividade é moderada, o

**Tab. 7.1** Matriz semântica do descritor do PVF *adequação do solo*

|    | N5 | N4 | N3 | N2 | N1 |
|----|----|----|----|----|----|
| N5 | 0  | 2  | 3  | 4  | 6  |
| N4 |    | 0  | 2  | 3  | 5  |
| N3 |    |    | 0  | 3  | 5  |
| N2 |    |    |    | 0  | 4  |
| N1 |    |    |    |    | 0  |

que corresponde à categoria 3, sendo introduzido o valor 3 na matriz. O mesmo procedimento foi realizado para todos os demais níveis de impacto deste e dos demais PVs.

Após a construção da matriz semântica referente ao descritor do PVF *adequação do solo*, os valores atribuídos na matriz foram inseridos no *software* Macbeth para a geração de uma escala. Essa escala representa a função de valor correspondente. A Tab. 7.2 apresenta os resultados dessa operação com a função de valor gerada e sua respectiva função de valor transformada, obtida por meio de uma transformação linear.

**Tab. 7.2** Função de valor do PVF *adequação do solo*

| Níveis de impacto | Níveis de referência | Função de valor original | Função de valor transformada |
|---|---|---|---|
| N5 |  | 100 | 140 |
| N4 | Bom | 84,62 | 100 |
| N3 |  | 69,23 | 60 |
| N2 | Neutro | 46,15 | 0 |
| N1 |  | 0 | -120 |

A caracterização das funções de valor, associadas a seus descritores, definiram os critérios ou subcritérios de avaliação do modelo vinculados, respectivamente, aos seus PVFs ou PVEs. Assim, os critérios gerais ficaram caracterizados como:
- adequação do solo ao cultivo na MBH;
- escoamento superficial natural da MBH, o qual fora desdobrado em:
  - declividade do terreno;
  - planejamento das estradas;
  - áreas de preservação; e
  - erosão fluvial provocada pela desproteção das margens.

### 7.2.5 Elaboração das taxas de substituição (pesos) dos critérios

Para procurar compensar a perda ou o ganho de desempenho de uma ação potencial em relação a outra, visto que, em geral, uma ação que produz um grande benefício está vinculada a um alto custo, utilizou-se o que alguns autores denominam de *taxas de*

# 7 Tomada de Decisões e Geração de Critérios para Uso em SIGs

*substituição*, conhecidas também como *pesos*. Seguindo a literatura, foi adotada uma soma ponderada como função de agregação aditiva, em que a ponderação de cada critério é dada pela sua taxa de substituição, de acordo com o apresentado pela função:

$$V(a) = p_1.v_1(a) + p_2.v_2(a) + p_3.v_3(a) + ... + p_n.v_n(a) \quad (7.1)$$

em que:

$v_1(a), v_2(a), v_3(a)...v_n(a)$ – valores parciais da ação "a" nos critérios 1, 2,..., n
$p_1, p_2, p_3, ... p_n$ – taxas de substituição dos critérios 1, 2,..., n
$n$ – número de critérios do modelo adotado

Novamente foram realizadas comparações par a par dos critérios gerais: *adequação dos solos, escoamento superficial natural da MBH e erosão fluvial*. O resultado das comparações é mostrado na Tab. 7.3, já ordenada, em que o número 1 (*um*) colocado no cruzamento das ações descritas na matriz indica a preferência da ação apresentada no sentido horizontal (linha da matriz) em relação à ação descrita na vertical (coluna da matriz). O número 0 (*zero*) indica a situação oposta, ou seja, a ação descrita na linha da matriz não é preferível àquela apresentada na coluna.

**Tab. 7.3** Matriz de ordenação do conjunto de critérios gerais ordenados

|  | Escoamento superficial | Erosão fluvial | Adequação dos solos | Soma | Ordem |
|---|---|---|---|---|---|
| Escoamento superficial | — | 1 | 1 | 2 | 1º |
| Erosão fluvial | 0 | — | 1 | 1 | 2º |
| Adequação dos solos | 0 | 0 | — | 0 | 3º |

Após a construção da matriz de ordenação dos critérios gerais apresentados para o caso em estudo, foi elaborada uma nova matriz, a fim de realizar-se o julgamento semântico sobre as ações apresentadas. Realizaram-se, então, comparações entre as ações potenciais medidas a partir da perda de atratividade existente no caso de se passar de uma situação para outra. Para tal, fizeram-se indagações por meio da elaboração de ações fictícias, em que se comparou uma *ação A*, com nível de impacto *bom* em um dos critérios e *neutro* nos demais, a uma *ação*

B, com nível de impacto *neutro* no critério primeiramente considerado como *bom*; *bom* em um dos demais critérios considerados antes como *neutro*; e, finalmente, *neutro* no restante. A matriz expressa na Tab. 7.4 demonstra os resultados obtidos. É importante salientar que na matriz apresentada – dada a necessidade de agregação de uma ação de referência com impacto *neutro*, a fim de que se possa identificar a taxa do critério menos preferível, já que, na ausência desta, esse critério teria taxa de substituição com valor nulo – foi acrescentada uma ação identificada por A0.

**Tab. 7.4** Matriz de julgamento semântico dos critérios utilizados

|  | Escoamento superficial | Erosão fluvial | Adequação dos solos | A0 |
|---|---|---|---|---|
| Escoamento superficial | — | C3 | C5 | C6 |
| Erosão fluvial | — | — | C3 | C6 |
| Adequação dos solos | — | — | — | C5 |
| A0 | — | — | — | — |

Utilizando-se o *software* Macbeth, encontraram-se as taxas de substituição (pesos) para os critérios *escoamento superficial*, *erosão fluvial* e *adequação dos solos*. Tais valores estão expressos na Tab. 7.5.

**Tab. 7.5** Taxas de substituição dos critérios gerais

| Critério | Taxa de substituição |
|---|---|
| Escoamento superficial | 45,83% |
| Erosão fluvial | 33,33% |
| Adequação dos solos | 20,84% |

De modo semelhante, num segundo momento, realizou-se a comparação par a par entre os subcritérios *declividade do terreno*, *planejamento das estradas* e *áreas de preservação*, e o critério *escoamento superficial natural da MBH*. Uma visão geral dos resultados pode ser observada na Fig. 7.4, que apresenta a Árvore de Valor com as taxas de substituição dos critérios e subcritérios encontrados para o critério global "Manejo de uma MBH visando à sua sustentabilidade ambiental."

# 7 Tomada de Decisões e Geração de Critérios para Uso em SIGs

Elaborados os critérios, subcritérios e suas respectivas ponderações, estes puderam ser representados em mapas específicos. Para isso, foram utilizados os princípios das técnicas de geoprocessamento.

### 7.2.6 Aplicação dos critérios na modelagem proposta

Os critérios, subcritérios e suas respectivas taxas de substituição, ou pesos, foram representados em mapas com o auxílio do *software* Idrisi. A partir dos Planos de Informações (PIs) primários contendo o limite da MBH, os solos da área de estudo, as declividades do terreno, a hidrografia e as áreas urbanas, confeccionados desde cartas topográficas na escala 1:50.000, aerofotos da região, croqui de solos e imagens do satélite Cbers-2 de março, abril e agosto de 2004, criaram-se os seguintes mapas (PIs secundários):

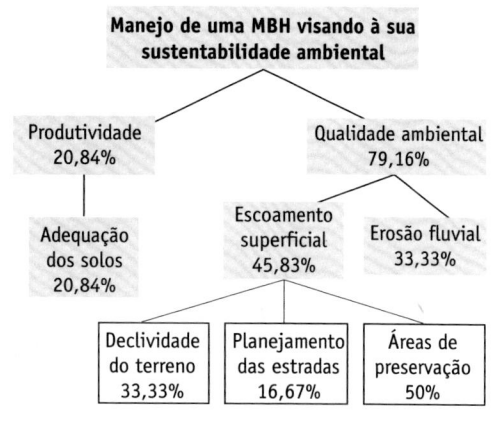

**Fig. 7.4** *Árvore de Valor com as taxas de substituição dos critérios e subcritérios encontrados para o critério global "Manejo de uma MBH visando à sua sustentabilidade ambiental"*

- adequação dos solos;
- planejamento das estradas;
- áreas de preservação – encostas e topos de morros; e
- áreas de proteção de nascentes e de matas ciliares.

Uma vez construídos os mapas (PIs secundários), foram avaliadas local e globalmente, no modelo multicritério criado, as ações potenciais concebidas como os *tipos de solos*. A partir daí, realizaram-se comparações caso a caso, tendo como referência os diferentes tipos de solos (ações potenciais) com relação aos critérios e subcritérios utilizados. Para cada uma das ações potenciais foram confeccionados cerca de 60 (sessenta) mapas, os quais culminaram em dois mapas vinculados a cada área de interesse: *produtividade* ou *adequação do solo* e *qualidade ambiental*.

Finalmente, o cruzamento das áreas de interesse *adequação dos solos* e *qualidade ambiental* gerou o mapa final, denominado "Manejo de uma

MBH visando à sua sustentabilidade ambiental", conforme pode ser observado na Fig. 7.5. O mapa apresenta as áreas de maior e menor risco ambiental, a partir do foco do trabalho analisado, ou seja, satisfazer a comunidade dentro dos princípios da sustentabilidade ambiental.

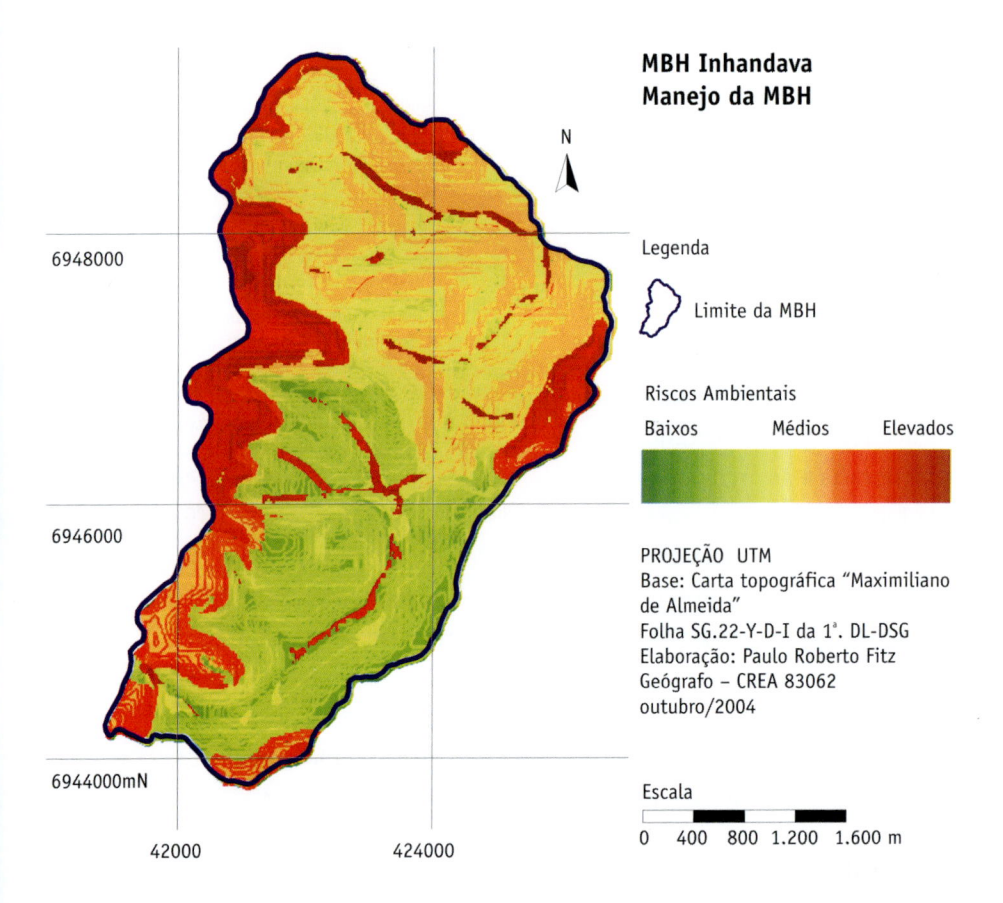

**Fig. 7.5** *Mapa de Manejo da MBH*

A estruturação realizada pode parecer suficientemente satisfatória. Entretanto, dentro da concepção levantada pela literatura, deve-se proceder a uma análise de sensibilidade para mensurar sua robustez.

### 7.2.7 Análise de sensibilidade do modelo
Antes de passar por essa forma de análise, o modelo foi submetido a uma análise global quanto às suas ações potenciais.

# 7 Tomada de Decisões e Geração de Critérios para Uso em SIGs

Esta identifica qual ação é, em princípio, preferencial em relação às demais, e assim por diante, dadas as condições apresentadas no decorrer dos trabalhos.

A análise de sensibilidade final foi realizada para verificar se pequenas alterações promovidas nos parâmetros do modelo causavam ou não grandes variações em seus resultados. No trabalho analisado, o acréscimo ou decréscimo em 10% no valor da ação global não implicou significativas alterações do modelo. Assim, foi concluído que este era robusto para uma variação de 10% induzida no critério, ou seja, era suficientemente confiável para os padrões estabelecidos.

### 7.2.8 Resultados obtidos

Os resultados obtidos pela metodologia empregada na pesquisa em análise conduziram à observação de que há uma nítida tendência de ocorrência de riscos ambientais nas áreas delimitadas pelos cursos d'água, ou seja, aquelas referentes à proteção de nascentes e de matas ciliares. Da mesma forma, pode-se perceber um maior grau de risco nas áreas mais íngremes da bacia, especialmente nas direções oeste, noroeste e norte, nas proximidades dos seus divisores de água, o que parece traduzir a lógica.

Os mapas obtidos demonstraram o impacto negativo causado pelo uso do solo na área de estudo. O mapa final expressou esse aspecto de maneira singular, em que se pode visualizar claramente a ocupação e o desmatamento das margens dos cursos d'água, fatos que acentuam processos erosivos e intensificam a degradação ambiental.

O trabalho analisado demonstrou a viabilidade quanto à aplicação de MCDA para a definição das taxas de substituição (pesos) atribuídas aos critérios aplicados nas técnicas de geoprocessamento. Conforme o apresentado, os caminhos experimentados no decorrer dos estudos mostraram-se um tanto trabalhosos, merecendo atenção redobrada durante sua aplicação. Tal complexidade, no entanto, realmente pareceu traduzir-se em resultados providos de maior segurança.

Outra característica vinculada à execução do método proposto diz respeito à formação de equipes multidisciplinares, as quais, pela sua natureza, sugerem dimensões mais eficientes, o que vai ao encontro da prática com SIGs.

Pode-se concluir, a partir do exposto, que, dadas as características apresentadas, a utilização de MCDA para a geração de critérios em geoprocessamento e a sua aplicação prática em termos de estudos que envolvam o espaço geográfico tornam-se possíveis e pertinentes.

# REFERÊNCIAS BIBLIOGRÁFICAS

ASSAD E. D.; SANO, E. E. *Sistemas de Informações Geográficas:* aplicações na agricultura. 2. ed. Brasília: Embrapa-CPAC, 1998.

BOSQUE SENDRA, J. La Ciencia de la Información Geográfica y la Geografía. In: *VII Encuentro de Geógrafos de América Latina.* Publicaciones CD, Inc., CD-ROM, San Juan de Puerto Rico, 1999. 15 p.

BOSQUE SENDRA, J.; MORENO JIMÉNEZ, A. (Coords.). *Sistemas de Información Geográfica y localización de instalaciones y equipamientos.* Madrid: RA-MA, 2004.

BURROUGH, P. *Principles of Geografical Information Systems for land resources assessment.* New York: Oxford University Press, 1989.

BURROUGH, P.; McDONNELL, R. *Principles of Geografical Information Systems.* New York: Oxford University Press, 1998.

BUZAI, G. D. *Geografia global.* Buenos Aires: Lugar Editorial, 1999.

BUZAI, G. D. *La exploración geodigital.* Buenos Aires: Lugar Editorial, 2000.

BUZAI, G. D.; DURÁN, D. *Enseñar e investigar con sistemas de información geográfica.* Buenos Aires: Editorial Troquel, 1997.

CLAVAL, P. *A nova Geografia.* Coimbra: Almedina, 1987.

COMAS, D.; RUIZ, E. *Fundamentos de los Sistemas de Información Geográfica.* Barcelona: Ariel Geografia, 1993.

CRÓSTA, A. P. *Processamento digital de imagens de sensoriamento remoto.* Campinas: Unicamp, 1992.

DOBSON, J. E. Automated Geography. *Professional Geographer,* Cambridge, v. 35, n. 2, p. 135-43, 1983.

DOBSON, J. E. The Geographic Revolution: a retrospective on the age of automated geography. *Professional Geographer,* Cambridge, v. 45, n. 4, p. 431-9, 1993.

DOBSON, J. E. The GIS revolution in science and society. In: BRUNN, Stanley D.; CUTTER, Susan L.; HARRINGTON, J. W. (Eds.). *Geography and Technology.* Netherlands: Kluwer, 2004.

DUARTE, P. A. *Fundamentos de cartografia.* Florianópolis: UFSC, 1994.

EASTMAN, J. R. *Idrisi for windows version 2.0* - user's guide. Worcester: Clark University Graduate School of Geography, January, 1995.

FITZ, P. R. *Cartografia básica.* São Paulo: Oficina de Textos, 2008.

FITZ, P. R. *Geração de múltiplos critérios para apoio à decisão em dados geoprocessados:* um estudo de caso: a microbacia hidrográfica de Inhandava, em Maximiliano de Almeida, RS. 2005. 191 f. Tese (doutorado) – Universidade Federal do Rio Grande do Sul.

FITZ, P. R. Novas tecnologias e os caminhos da ciência geográfica. *Diálogo – tecnologia,* Canoas, n. 6, p. 35-48, 2005.

GEORGE, P. *Os métodos da Geografia.* 2. ed. São Paulo: Difel, 1986.

GOODCHILD, M. F. GIScience: geography, form, and process. *Annals of the Association of American Geographers,* v. 94, n. 4, p. 709–14, 2004.

GURRÍA GASCÓN, J. L.; HERNÁNDEZ CARRETERO, A; NIETO MASOT, A. (Eds.). *De lo local a lo global:* nuevas tecnologías de la información geográfica para el desarrollo – IX CONFIBSIG. Cáceres: Universidad de Extremadura, 2005.

LEÃO NETO, P. *Sistemas de Informação Geográfica*. 2. ed. Lisboa: Editora de Informática, 1998.

LIMA, M. I. C. Introdução à interpretação radargeológica. *Manuais Técnicos em Geociências*, n. 3. Rio de Janeiro: IBGE, 1995.

LOCH, C. *A interpretação de imagens aéreas*. 3. ed. Florianópolis: UFSC, 1993.

LOCH, C. *Monitoramento global integrado de propriedades rurais (a nível municipal, utilizando técnicas de Sensoriamento Remoto)*. Florianópolis: UFSC, 1990.

LOCH, C.; LAPOLLI, E. M. *Elementos básicos da fotogrametria e sua utilização prática*. 3. ed. Florianópolis: UFSC, 1994.

MAGUIRE, D. J. An overview and definition of GIS. In: MAGUIRE, D. J.; GOODCHILD, M. F.; RHIND, D. W. *Geographical Information Systems: principles and applications*. New York: Longman Scientific & Technical, 1991. p. 9-20.

MATOS, J. L. de. *Fundamentos de informação geográfica*. Lisboa: Lidel, 2001.

MENDES, C. A. B.; CIRILO, J. A. *Geoprocessamento em recursos hídricos*: princípios, integração e aplicação. Porto Alegre: ABRH, 2001.

MINISTÉRIO DA EDUCAÇÃO. *Referenciais curriculares nacionais da educação profissional de nível técnico*. Área profissional: Geomática. MEC: Brasília, 2000.

MORAES, A. C. R. *Geografia:* pequena história crítica. 20. ed. São Paulo: Annablume, 2005.

MORENO JIMÉNEZ, A. *Geomarketing con sistemas de información geográfica*. Madrid: UAM-Asociación de Geógrafos Españoles, 2001.

MOURA, A. C. M. *Geoprocessamento na gestão e planejamento urbano*. 2 ed. Belo Horizonte: Ed. da Autora, 2005.

NETO, P. L. Sistemas de Informação Geográfica. 2. ed. Lisboa: FCA, 1998.

RICCI, M.; PETRI, S. *Princípios de aerofotografia e interpretação geológica*. Florianópolis: UFSC, 1998.

RICHARDS, J. A. *Remote Sensing Digital Image Analysis* – an introduction. Heidelberg: Springer-Verlag, 1986.

ROCHA, C. H. B. *Geoprocessamento*: tecnologia transdisciplinar. Juiz de Fora: Ed. do Autor, 2000.

SANTOS, M. *Técnica, Espaço, Tempo:* globalização e meio técnico-científico informacional. 4. ed. São Paulo: Hucitec, 1998.

SILVA, A. de B. *Sistemas de Informações Geo-referenciadas*: conceitos e fundamentos. Campinas: Unicamp, 1999.

## REFERÊNCIAS EM MEIO ELETRÔNICO

<http://pt.allmetsat.com>. Acesso em: 23 mar. 2007.
<www.engesat.com.br>. Acesso em: 23 mar. 2007.
<www.eumetsat.int>. Acesso em: 23 mar. 2007.
<www.inpe.br>. Acesso em: 23 mar. 2007.
<www.nasa.gov>. Acesso em: 23 mar. 2007.